高等学校实验教学示范中心(东南大学)系列教材

# 测量实习指导书

## (第2版)

胡伍生　朱小华　编著

东南大学出版社
SOUTHEAST UNIVERSITY PRESS
·南京·

# 内 容 提 要

　　本书是东南大学出版社出版的《土木工程测量》教材的配套教材,是"土木工程测量"课程课间实习和集中教学实习的指导书。本书由四部分组成:测量实习须知、测量实习、课堂练习和习题集。测量实习部分是本书的主要内容,书中列出了 26 个实习项目,介绍了各种测量仪器的结构和功能、实习方法和实习要求等,其中还介绍了精密测量仪器(如精密水准仪、精密经纬仪、电子水准仪、GNSS 接收机等)的操作与使用,内容全面,适用面广。

　　本书条理清晰,实习目的和实习内容明确,操作内容描述细致,兼有课堂练习和习题,方便广大师生使用,实用性强。

**图书在版编目(CIP)数据**

　　测量实习指导书 / 胡伍生,朱小华编著. —2 版
. —南京:东南大学出版社,2021. 12(2024.1重印)
　　高等学校实验教学示范中心(东南大学)系列教材
　　ISBN　978-7-5641-9928-9

　　Ⅰ.①测… Ⅱ.①胡… ②朱… Ⅲ.①测量学—实习
—高等学校—教学参考资料 Ⅳ.①P2-45

　　中国版本图书馆 CIP 数据核字(2021)第 259390 号

**责任编辑:**夏莉莉 **责任校对:**韩小亮 **封面设计:**顾晓阳 **责任印制:**周荣虎

**测量实习指导书**

Celiang Shixi Zhidaoshu

| | | |
|---|---|---|
| 编　著 | 胡伍生 朱小华 | |
| 出版发行 | 东南大学出版社 | |
| 社　址 | 南京四牌楼 2 号 | 邮　编:210096 电　话:025-83793330 |
| 网　址 | http://www.seupress.com | |
| 电子邮件 | press@seupress.com | |
| 经　销 | 全国各地新华书店 | |
| 印　刷 | 南京玉河印刷厂 | |
| 开　本 | 700mm×1000mm　1/16 | |
| 印　张 | 10 | |
| 字　数 | 203 千字 | |
| 版　次 | 2021 年 12 月第 2 版 | |
| 印　次 | 2024 年 1 月第 3 次印刷 | |
| 书　号 | ISBN 978-7-5641-9928-9 | |
| 定　价 | 28.00 元 | |

　　本社图书若有印装质量问题,请直接与营销部调换。电话(传真):025-83791830

# 修订说明

　　《测量实习指导书》(第2版)是东南大学交通学院测绘工程系及测量实验室集几十年教学经验编写而成的,是集体智慧的结晶。1997年4月,沈耀良和胡伍生对1989年编写的《测量实习指导书》进行了改编,增加了"极坐标法放样点位""光电测距仪测距""精密水准仪测高""精密经纬仪测角""沉降观测练习"和"全站仪练习"等实习项目。2004年2月,在原书基础上,对实习内容作了大幅度的修改,增加了"电子数字水准仪的使用练习""全站仪测记法数字测图"和"GPS接收机的使用练习"等实习项目,并由东南大学出版社正式出版。随着计算机、信息科学及测绘仪器等的发展,卫星导航定位(GNSS)、遥感(RS)、地理信息系统(GIS)等已逐渐成为当前测绘工作的核心技术。2021年8月,《测量实习指导书》再版,编者酌情删去了"DJ$_6$型光学经纬仪的检验与校正""钢尺量距与钢尺检定""罗盘仪测量磁方位角""小平板仪的使用练习""视距法测定平距与高差练习""经纬仪测绘法测绘地形图"等内容;增加了"全站仪的检验与校正""全站仪测绘法测绘地形图""南方CASS测图软件简介""虚拟仿真测图简介"等内容;修改了"测量实习须知""DS$_3$型水准仪的使用练习""四等水准测量""全站仪的使用练习""测记法数字测图""极坐标法放样点位""小型建筑物放样""单圆曲线测设""缓和曲线测设""电子水准仪的使用练习""GNSS接收机的使用练习"等内容。

　　本书作为《土木工程测量》(胡伍生、潘庆林主编,东南大学出版社)的配套教材,可用于测绘工程、土木工程、工程管理、交通工程、载运工程、道路与铁道工程、桥梁工程、岩土工程、港航工程等专业的"土木工程测量"课程的四次课间实习和两周集中实习的指导和参考。《土木工程测量》教材于2002年10月荣获由教育部颁发的全国高等学校优秀教材二等奖,是"十一五""十二五"国家级规划教材和"十二五"江苏省高等学校重点教材,被评为国家精品教材和江苏省精品教材。配套的《土木工程测量》慕课,于2018年在中国大学MOOC平台上线,被评为国家精品在线开放课程、国家级一流本科课程。

　　本书由东南大学朱小华、胡伍生主编。其中,朱小华编写了实习一至二十、二十四和二十六、课堂练习和习题集,胡伍生编写了实习二十一至二十三和二十五。全书由朱小华统稿。再版过程中,张宏斌、王磊、沙月进等老师提供了宝贵建议;广州南方测绘仪器公司南京分公司姚春总经理和李举经理提供了丰富的仪器和软件资料,在此一并感谢。感谢钱振东教授对本书编写的大力支持。最后,衷心感谢恩师胡伍生教授留下的宝贵财富。由于编者的能力和水平有限,书中难免有错漏和不足之处,编者诚恳希望使用本教材的广大师生多提宝贵意见,我们也希望通过持续改进使本书尽量完善。

　　本书得到道路交通工程国家级实验教学示范中心(东南大学)的资助。

编　者

2021年8月

# 目 录

# 第一部分

# 测量实习须知

## 须知一　测量实习规定

测量实习的目的是把学到的测量理论知识拿到实践工作中去应用和检验,以锻炼工作能力。通过实习,应进一步了解和掌握各种常规测量仪器工具的构造、性能、工作原理及操作方法;掌握一些常规测量项目的测量原理、步骤、所需仪器工具及该项目的具体观测方法;对于实习过程中出现的常见问题能了解原因及简单的解决方法。通过亲手操作仪器并对观测成果的数据整理,达到更好地掌握测量工作的基本理论和基本技能的效果。

做测量实习应注意以下几点:

1. 测量实习前,应明确所做实习项目。认真阅读有关教材和实习指导书,初步了解实习目的、要求、操作方法、步骤、记录、计算及注意事项等,以便更好地完成实习项目。

2. 测量实习前,各班班长在指导教师的安排下对所在班级进行分组(每4~5人为一个实习小组),并对所有实习小组进行编号、安排组长。

3. 测量实习时,各小组按序进入实验室,组长凭身份证或学生证借用测量仪器和工具。实习结束后,应清点仪器工具,如数归还后取回证件。

4. 实习课不得迟到、早退,应遵守学校纪律和测量仪器操作规程,听从实习指导教师和实验室管理人员的安排和指导。

5. 如果初次接触仪器,未经讲解,不得擅自开箱取用仪器,以免发生损坏。经实习指导教师讲授,明确仪器的构造、操作方法和注意事项后方可开箱进行操作。

6. 测量数据的记录和计算应认真对待,必须遵循以下几点:

(1) 观测数据应直接填入指定的记录表格或实习报告册中,不得以其他纸张记录再事后誊写。

(2) 记录时应用2H或3H铅笔书写,采用正楷字体,不得潦草。并在规定表头处写上实习日期、天气、仪器号码及参加人员的姓名等。

(3) 观测数据应随测随记,记录者应在每一数据记录完毕后立即向观测者回读所记数据,以防听错记错。

(4) 数据记录时应填写在单元格的偏下位置,如记录发生错误,不得直接涂改或就字改字,也不得用橡皮擦拭,应用单横线将错误数据划去,并在其上方写上正确数据。

（5）简单的计算及必要的检核,应在测量进行时随即算出,以判断测量成果是否合格。经检查确认计算无误且成果合格后方可搬动仪器,以免影响测量进度。

（6）实验过程中,必须如实记录所观测数据,不得伪造实验数据。当出现成果错误或超限,需首先检查有无填错位置或计算错误等原因;如确因观测错误或读数超限导致,必须重测。

（7）观测结束后,将表格中各项内容计算填写齐全,自检合格后将实习结果交给指导教师审阅,符合要求并经允许后方可收拾仪器工具归还实验室,结束实习。

# 须知二　测量仪器工具操作规程与注意事项

1. 必须爱护测量仪器,防止振动、日晒或雨淋;严防跌落损坏。

2. 如非固定的测量控制点,仪器应在人行道或尽量靠路边安放架设,以减少对交通的影响;并保证时时有观测人员在仪器周围,做到"人不离仪",防止其他无关人员拨弄或行人、车辆冲撞仪器。如在路中测量控制点或交通流量大的地方观测,务必注意观察,保证人身和仪器安全。

3. 开箱提取仪器:

(1) 先安置三脚架,将脚架的三条腿侧面的锁定螺旋逆时针旋松,伸长至合适长度再拧紧,三条腿撑开后应使脚架放置稳妥。若地面为泥地,应把各脚插入土中,用力踩实。

(2) 如果在平坦的实习场地上架设仪器,通常建议将水准仪脚架的三条腿合拢后,调节高度至实验人员的下巴左右;经纬仪或者全站仪脚架则调节至胸口高度。这样高度的脚架在撑开架设好仪器后,可使望远镜高度正好略低于眼睛,观测或读数时较为舒适,不会因为仪器架设太高或者太低,导致观测困难或太过劳累。同组实习人员高矮差别较大而需同时观测时,建议以个子较矮的同学为标准,或分别架设仪器各自观测。

(3) 开箱取出仪器,此前应看清仪器在箱中的位置,可用手机拍照留存参考,以免装箱时发生困难。

(4) 从箱中取出仪器时不可握拿望远镜,应用双手分别握住仪器基座和望远镜的支架,取出仪器后小心地安置在三脚架上,并立即旋紧三脚架上用来连接仪器的中心连接螺旋,做到"连接牢固"。严禁未旋紧中心螺旋即开始使用仪器,否则将导致仪器跌落损坏。

(5) 取出仪器后,应随手关好仪器箱盖,以防灰尘、落叶等杂物或水汽进入箱中。仪器箱上不得坐人。

4. 野外工作:

(1) 仪器上的光学部件(如镜头等)严禁用手帕、纸张等物擦拭,以免损坏镜头上的药膜。如有污迹,应用专用的镜头纸进行擦拭。

(2) 作业时应先松开制动螺旋,然后握住支架进行转动,不得握住望远镜旋转。使用仪器各螺旋时必须小心仔细,应有轻重感。

(3) 观测过程中,除正常操作仪器螺旋外,尽量不要扶、摸仪器及脚架,以免碰动仪器,影响观测精度。

(4) 暂停观测时,仪器必须安放在稳妥的地方,并由专人看护或将其收入仪器箱内;水准尺、棱镜杆或收拢后的脚架等不用时,必须顺着路牙方向平放在路侧,不得倚靠在树干或墙壁上，以防侧滑摔坏。

（5）在太阳或细雨下使用仪器时，必须撑伞保护仪器，雨大时必须停止观测。仪器及仪器箱内不得受潮。如果仪器上有水渍，必须擦净吹干后才可以放回干燥的仪器箱，以防水汽沁入仪器，引起电路短路或光路发霉无法读数。

5. 搬移仪器：

（1）水准仪或 RTK 接收机临时迁站，可以将仪器连同脚架或对中杆一起搬移；如果是经纬仪、全站仪或用作静态测量的 GNSS 接收机，迁站时应尽量装箱搬移，以保证仪器设备的安全。

（2）搬移仪器前先检查一下连接螺旋是否连接牢固。搬移时必须一手握住仪器的基座或支架，一手抱住三脚架，近于垂直地稳妥搬移，不得横放在肩上，以免仪器的轴系因受力而导致损坏；当距离较长时，必须装箱搬移。

（3）搬移仪器时须带走仪器箱、尺垫、皮尺、棱镜、记录板等有关工具迁站时也要清点，随身带走，以免遗落丢失。

6. 使用完毕：

（1）应清除仪器及箱子上的灰尘、脏物和三脚架上的泥土。

（2）将仪器基座的脚螺旋处于大致相同的高度后，松开所有制动螺旋，再松开连接螺旋，卸下仪器装入箱中。

（3）关紧箱门，立即扣上门扣或上锁。

（4）工作完毕应检查、清点所有附件及工具，以防遗失。

7. 其他工具：

（1）钢卷尺使用时，应防止扭转打结或折断；丈量时防止行人践踏或车辆压过；量好一段须将钢尺两头拉紧抬起钢尺行走，不得在地面拖行，以免损坏钢尺刻度。

（2）钢卷尺使用完毕，必须用抹布擦去尘土，涂油防锈。

（3）水准尺、花杆等木制品不可用来抬挑仪器，以免弯曲变形或折断；用完后不得随手倚靠在树干或墙壁上，以防侧滑摔坏；更不能将其当成板凳坐在上面；花杆不得当作标枪或棍棒来玩耍打闹或清理枝叶。

（4）所有仪器工具必须保持完整、清洁，不得任意放置，并需由专人保管以防遗失，尤其是测钎、垂球、尺垫、皮尺、棱镜、记录板等小件工具。

8. 所有仪器工具若发生故障，应及时向指导教师或实验室管理人员汇报，进行修理或更换，不得自行处理；若有损坏、遗失，应到实验室管理人员处进行登记，写书面检查，酌情修理或照价赔偿，不得隐瞒或自行处理，否则将视其情节严重程度取消实习成绩或上报学校予以校纪处分。

## 第二部分

# 测量实习

# 1. 实习一　DS₃型水准仪的使用练习

### 1.1　实习目的

1.1.1　了解 DS₃ 型水准仪的构造、各部件的作用,掌握其使用方法。

1.1.2　掌握 DS₃ 型水准仪的操作步骤及普通水准测量的基本操作方法。

### 1.2　实习内容

1.2.1　练习 DS₃ 型水准仪的各部件的使用方法。

1.2.2　用 DS₃ 型水准仪测定两点间的高差并进行记录、计算。

1.2.3　此实习需 2～3 个课时。

### 1.3　仪器工具

DS₃ 型水准仪—1,水准仪脚架—1,水准尺(2 m 或 3 m)—2,尺垫—2,记录板—1。

### 1.4　操作说明

1.4.1　了解 DS₃ 型水准仪的基本构造、各部件名称,了解其操作方法。

目前常见的国产 DS₃ 型水准仪有微倾式水准仪和自动安平水准仪两种。DS₃ 型微倾式水准仪如图 1-1 所示;DS₃ 型自动安平水准仪如图 1-2 所示。

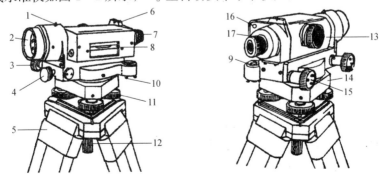

图 1-1　DS₃ 型微倾式水准仪的基本构造

1-准星;2-物镜;3-微动螺旋;4-制动螺旋;5-三脚架;6-照门;7-目镜;8-水准管;
9-圆水准器;10-圆水准器校正螺丝;11-脚螺旋;12-中心连接螺旋;13-物镜调焦螺旋;
14-基座;15-微倾螺旋;16-水准管气泡观察窗;17-目镜调焦螺旋

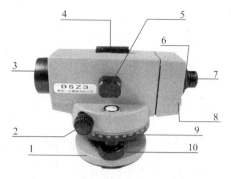

图 1-2 DS₃型自动安平水准仪的基本构造

1-基座；2-水平循环微动手轮；3-物镜；4-粗调瞄准器；5-调焦手轮；6-目镜罩；7-目镜；
8-补偿器检测按钮；9-水平刻度盘；10-脚螺旋手轮

1.4.2 安置仪器：在实习场地上将脚架的三条腿伸长至合适高度拧紧，张开三脚架，安置稳妥。将仪器从仪器箱取出放于脚架上，并立即拧紧连接螺旋(注意高度适中，架面水平，仪器稳固)。

1.4.3 粗平：调节三个脚螺旋使圆水准器的气泡居中。

(1) 如图 1-3(a)，先按图示虚线箭头方向调节脚螺旋 1 和 2，使圆气泡左右居中。

(2) 如图 1-3(b)，再按图示方向单独调节脚螺旋 3，使圆气泡前后居中。

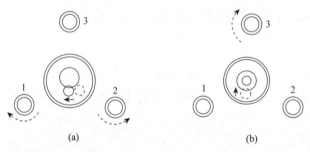

(a)　　　　　　　　　(b)

图 1-3 圆水准器的调节

(3) 如有需要，重复以上两个步骤，直至圆水准器的气泡完全居中。

注意：气泡恒随左手大拇指的动作方向移动，图 1-3 中虚线箭头表示脚螺旋旋转方向，实线箭头表示气泡移动方向。

1.4.4 瞄准：将望远镜用镜外瞄准器对准水准尺。先调节目镜，将十字丝看清楚；再调节物镜对光螺旋，将水准尺的影像看清楚，以消除视差。

1.4.5 精平：调节微倾螺旋使水准管气泡严格居中，使气泡半像完全吻合，如图 1-4 所示。按十字丝的横丝读取水准尺读数后，应该再检查气泡是否仍然居中(如果使用的是自动安平水准仪，则无须此精平步骤)。

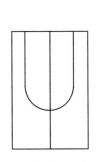

图 1-4　水准管气泡像吻合

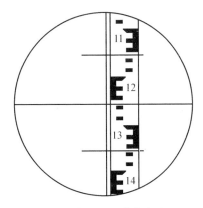

图 1-5　水准尺的读数方法

1.4.6　读数：观测者在从望远镜中进行水准尺读数之前，必须将水准尺的分划值认识清楚，否则容易发生读数错误。读数应该以 mm 为单位，读成四位数。如图 1-5 所示，读数应为：1 259。

记录者要复述读数，随测、随记、随算。

1.4.7　在上述练习的基础上，即可进行简单的水准测量。各组以给定的水准点 BM1 为后视，任选一未知高程点 $P$ 为前视，分别在两点上竖立水准尺，读出读数 $a_1$、$b_1$，计算出两点之间的高差，并按已知水准点高程求出 $P$ 点的高程。

每个同学至少练习两次，并将观测数据记入手簿，进行高差与高程的计算。

## 1.5　记录举例

水准测量记录举例见表 1-1。

表 1-1　水准测量记录手簿

| 测点 | 水准尺读数(mm) | | 高差 $h$(m) | 高程 $H$(m) | 备注 |
|---|---|---|---|---|---|
| | 后视 | 前视 | | | |
| BM1 | 1 348 | | −0.384 | 9.504 | 已知 |
| $P$ | | 1 732 | | 9.120 | |
| BM1 | 1 360 | | −0.383 | 9.504 | 已知 |
| $P$ | | 1 743 | | 9.121 | |

$$高差：h_{1P}=a_1-b_1（高差＝后视读数－前视读数）\tag{1-1}$$
$$高程：H_P=H_1+h_{1P}（前视点高程＝后视点高程＋高差）\tag{1-2}$$

## 1.6　注意事项

1.6.1　读数前要消除视差，注意先调目镜后调物镜的调节顺序。

1.6.2 水准尺上读数估读至 mm 位,读成四位数,不要加小数点;计算高差、高程时以 m 为单位,注意小数点的位置。

1.6.3 微倾式水准仪每次读数时,必须先调节微倾螺旋,使水准管气泡严格居中,气泡两端半像吻合后方可读数。读数完成后注意检核气泡是否仍然居中。

# 2．实习二 普通水准测量

## 2.1 实习目的

2.1.1 了解普通水准测量的施测方法、步骤，掌握水准测量数据的记录与计算。

2.1.2 掌握闭合水准路线或附合水准路线的高差闭合差的计算与调整。

## 2.2 实习内容

2.2.1 在校园内布设一条闭合（或附合）水准路线，路线长度约为 800 m。在路线上选定三个待测高程点，设为 BM101、BM201、BM301，由已知水准点 BMA 出发，测到待测水准点 BM101、BM201、BM301，最后闭合到水准点 BMA（或附合到另一已知水准点 BMB），如图 2-1 所示。

2.2.2 此实习需 3～4 个课时。

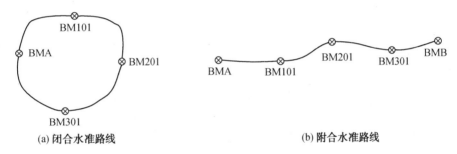

(a) 闭合水准路线          (b) 附合水准路线

图 2-1 普通水准测量路线

## 2.3 仪器工具

DS$_3$ 型水准仪—1，水准仪脚架—1，水准尺（2 m 或 3 m）—2，尺垫—2，记录板—1。

## 2.4 操作说明

2.4.1 根据已知水准点 BMA 的高程（各组起始水准点数据另发），用连续水准测量的方法，依次测定待测水准点的高程。

2.4.2 观测时，持尺者先在 BMA 上立尺，观测者将仪器安置于路线前进方向上适当长度的位置，另一人沿路线前进方向继续向前一段距离，选一转点（TP1），安置尺垫，将水准尺立于尺垫之上。视线长度尽量不超过 80 m，每站必须前、后视距离大致相等。仪器至水准尺的距离（即视距）可用步测法进行估测。仪器置平后，设后视 BMA 点上水准尺的读数为 $a_1$，前视 TP1 点上水准尺的读数为 $b_1$，均记入手簿中。

2.4.3 第一站测毕，搬仪器至第二站，TP1 上水准尺转至另一面，使其重新面向仪器,并由第一站的前视变为第二站的后视;将 BMA 上水准尺移至另一点上,并设其为第二站的前视。设第二站的后视、前视读数分别为 $a_2$ 和 $b_2$。

2.4.4　依此法观测整条水准路线,最后闭合到已知水准点 BMA(或附合到另一已知水准点 BMB)。

2.4.5　现场计算各站高差与各点高程。

整条水准路线的高差闭合差 $f_h$ 及高差闭合差的容许误差 $f_{h容}$ 分别为

$$f_h = \sum h_{测} - \sum h_{理} \tag{2-1}$$

$$f_{h容} = \pm 40\sqrt{L}\, mm(式中 L 为以 km 为单位的水准路线长度) \tag{2-2}$$

$$或:f_{h容} = \pm 12\sqrt{n}\, mm(式中 n 为水准路线的测站数) \tag{2-3}$$

如果 $f_h$ 超过 $f_{h容}$,则需重新观测;如果 $f_h$ 在容许范围之内,则按与水准路线长度或测站数成正比例反符号分配的原则进行高差调整,分别计算出 BM101、BM201、BM301 的正确高程。

## 2.5　记录举例

普通水准测量记录举例见表 2-1。

## 2.6　注意事项

2.6.1　前、后视距离应大致相等,距离可步测。

2.6.2　转点必须用尺垫;而已知水准点或待测水准点上不得加放尺垫。

2.6.3　水准尺应严格垂直。立尺员应随时注意观测者的指挥,仪器未搬站,后视尺不可移动;仪器搬站时,前视尺不可移动。

2.6.4　仪器安置须稳固。注意消除视差。微倾式水准仪每次读数前必须先调节微倾螺旋使水准管气泡居中,读完后注意检核气泡是否仍然居中。

2.6.5　记录员必须复述观测员所读数值,每一测站观测完毕,务必随时记录并算出其高差和高程。

2.6.6　测完全程,须当场计算高差闭合差。如果超限应检查原因,首先检查计算是否有误,如果计算无误则说明错误由测量引起的,须重测。

2.6.7　调整高差闭合差时,只需调整待测水准点的高程,而无须考虑中间各转点的高程。

## 表 2－1　普通水准测量记录手簿

| 测点 | 水准尺读数（mm） | | 高差 $h$（m） | 高程 $H$（m） | 改正后高程 $H$（m） |
| --- | --- | --- | --- | --- | --- |
| | 后视 | 前视 | | | |
| BMA | 1 438 | | | 43.582 | 43.582 |
| | | | －0.586 | | |
| TP1 | 1 355 | 2 024 | | 42.996 | |
| | | | －0.488 | | |
| TP2 | 1 953 | 1 843 | | 42.508 | |
| | | | ＋1.167 | | |
| BM101 | 2 115 | 0 786 | | 43.675 | 43.678 |
| | | | ＋1.462 | | |
| TP3 | 1 747 | 0 653 | | 45.137 | |
| | | | ＋0.329 | | |
| TP4 | 2 234 | 1 418 | | 45.466 | |
| | | | ＋1.487 | | |
| BM201 | 1 815 | 0 747 | | 46.953 | 46.959 |
| | | | ＋0.691 | | |
| TP5 | 1 764 | 1 124 | | 47.644 | |
| | | | ＋0.210 | | |
| TP6 | 1 738 | 1 554 | | 47.854 | |
| | | | ＋0.616 | | |
| BM301 | 0 792 | 1 122 | | 48.470 | 48.479 |
| | | | －1.446 | | |
| TP7 | 0 557 | 2 238 | | 47.024 | |
| | | | －1.892 | | |
| TP8 | 0 443 | 2 449 | | 45.132 | |
| | | | －1.562 | | |
| BMA | | 2 005 | | 43.570 | 43.582 |
| 检查计算 | $\sum a_i =$ 17.951 m | $\sum b_i =$ 17.963 m | $\sum h_i =$ －0.012 m | $H_{A测} - H_{A理} =$ 43.570－43.582 ＝－0.012 m | $\sum a_i - \sum b_i$ ＝$\sum h_i$ ＝$H_{A测} - H_{A理}$ 计算无误 |
| | $\sum a_i - \sum b_i = -0.012$ m | | | | |

# 3．实习三 四等水准测量

## 3.1 实习目的

3.1.1 通过四等水准测量明确高程控制测量的几何概念及其实施步骤和方法。

3.1.2 掌握使用双面水准尺进行四等水准测量的观测步骤以及读数、测站校核和成果检核计算的方法与要求。

## 3.2 实习内容

3.2.1 在校园内布设一条往返水准路线,路线长度约为 800 m,在路线上选定四个待测高程点,设为 BM101、BM102、BM103、BM104,由已知水准点 BMA 出发,依次测到 BM101、BM102、BM103、BM104,再从原路返测到 BMA,如图 3-1 所示。

图 3-1 四等水准测量路线

3.2.2 此实习需 6~8 个课时。

## 3.3 仪器工具

DS₃ 型水准仪—1,水准仪脚架—1,水准尺(2 m 或 3 m)—2,尺垫—2,记录板—1。

## 3.4 操作说明

3.4.1 用步测或测绳丈量使前后视距相等,然后安置好水准仪,粗平。

3.4.2 将望远镜对准后视尺黑面(此时注意尺子竖直),调节微倾螺旋使水准管气泡精平,再按上丝、下丝和中丝顺序精确读取尺上读数,记入表中。

3.4.3 将望远镜调头照准前视尺黑面,调水准管气泡精平,按上丝、下丝和中丝顺序精确读取尺上读数,记入表中。

3.4.4 照准前视尺红面(将前视尺黑面转为红面),只按中丝精确读取尺上读数,记入表中。

3.4.5 将望远镜调头照准后视尺红面(将后视尺黑面转为红面),调水准管气泡精平,只按中丝精确读取尺上读数,记入表中。

至此,一个测站上的操作已告完成。三等或四等水准测量这样观测的顺序简称为:"后—前—前—后",或"黑—黑—红—红"。而四等水准的观测程序有时也可简化为:"后—后—前—前",或"黑—红—黑—红"。同理观测完整条水准路线。

3.4.6　三、四等水准测量的技术要求

(1) 三、四等水准测量中的主要技术要求见表3-1。

表3-1　三、四等水准测量中的主要技术要求

| 等级 | 前后视距差(m) | | 红黑面读数差（尺常数误差）(mm) | 红黑面所测高差之差(mm) | 视线长度(m) | 视线高度(m) |
|---|---|---|---|---|---|---|
| | 每站 | 累积 | | | | |
| 三 | ≤3 | ≤6 | ≤2 | ≤3 | ≤75 | ≥0.3 |
| 四 | ≤5 | ≤10 | ≤3 | ≤5 | ≤100 | ≥0.2 |

(2) 三、四等水准测量中的主要限差要求见表3-2。

表3-2　三、四等水准测量中的主要限差要求

| 等级 | 闭合差 | | 备注 |
|---|---|---|---|
| | 平地(mm) | 山地(mm) | |
| 三 | $\pm 12\sqrt{L}$ | $\pm 4\sqrt{n}$ | $L$:以 km 为单位的水准路线长度 |
| 四 | $\pm 20\sqrt{L}$ | $\pm 6\sqrt{n}$ | $n$:水准路线的测站数 |

## 3.5　记录举例

四等水准测量记录举例见表3-3。

表3-3　四等水准测量记录手簿

| 测站号 | 点号 / 视距差 $d/\sum d$ | 后视 上丝 下丝 视距 | 前视 上丝 下丝 视距 | 方向 | 中丝读数 黑面 | 中丝读数 红面 | 黑+$K$-红(mm) | 平均高差(m) | 高程 $H$(m) |
|---|---|---|---|---|---|---|---|---|---|
| | | (1) | (4) | 后 | (3) | (6) | 7 | 10 | — |
| | | (2) | (5) | 前 | (8) | (7) | 8 | | |
| | 3/4 | 1 | 2 | 后一前 | 6 | 5 | 9 | | 11 |
| 1 | BMA～TP1 | 1 329 | 1 173 | 后 | 1 080 | 5 767 | 0 | 0.147⁵ | 43.582 |
| | | 0 831 | 0 693 | 前 | 0 933 | 5 719 | +1 | | — |
| | 1.8/1.8 | 49.8 | 48.0 | 后一前 | 0.147 | 0.048 | -1 | | 43.729⁵ |
| 2 | TP1～TP2 | 2 018 | 2 467 | 后 | 1 779 | 6 567 | -1 | -0.443⁵ | — |
| | | 1 540 | 1 978 | 前 | 2 223 | 6 910 | 0 | | |
| | -1.1/0.7 | 47.8 | 48.9 | 后一前 | -0.444 | -0.343 | -1 | | 43.286 |

注：表中(1)、(2)……为观测数据顺序；1、2……为计算数据顺序。

### 3.6  注意事项

3.6.1  读数前应消除视差,水准管的气泡一定要严格居中。

3.6.2  上、下丝读数的平均值与中丝读数的差值不得超过±1 mm,超限应重读。

3.6.3  计算平均高差时,都是以黑面尺计算所得高差为基准,将红面尺计算所得高差加上0.1 m或者减去0.1 m,与黑面尺高差接近后,再取两者平均值即可。

3.6.4  每站观测完毕,立即进行计算,该测站的所有检核均符合要求后方可搬站,否则必须立即重测。

3.6.5  仪器未搬站,后视尺不可移动;仪器搬站时,前视尺不可移动。

3.6.6  每页计算校核时,后视黑、红面读数总和减去前视黑、红面读数总和应等于各站黑、红面高差总和。如果有误,须逐项检查计算中的差错并进行改正。当测站总数为奇数时,黑、红面高差总和的二分之一与平均高差总和将相差50 mm;当测站总数为偶数时,黑、红面高差总和的二分之一与平均高差总和相等。

# 4．实习四 DS₃型水准仪的检验与校正

### 4.1 实习目的

4.1.1 了解DS₃型水准仪各轴线间的正常关系。

4.1.2 掌握DS₃型水准仪检验与校正的方法。

### 4.2 实习内容

4.2.1 圆水准器的检验与校正。

4.2.2 十字丝环的检验与校正。

4.2.3 水准管轴的检验与校正。

4.2.4 此实习需2~3个课时。

### 4.3 仪器工具

DS₃型水准仪—1,水准仪脚架—1,水准尺(2 m)—2,木桩(或尺垫)—2,锤子—1,校正针—1,记录板—1。

### 4.4 操作说明

如图4-1所示,DS₃型水准仪的轴线有:视准轴 $CC$、水准管轴 $LL$、圆水准轴 $L'L'$、仪器竖轴 $VV$。它们应该满足以下几何条件:

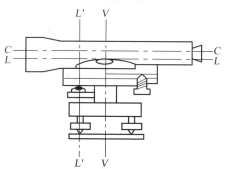

图4-1 DS₃型水准仪的轴线

(1)圆水准轴平行于仪器竖轴($L'L'//VV$);

(2)十字丝横丝垂直于仪器竖轴;

(3)水准管轴平行于视准轴($LL//CC$)。

而DS₃型水准仪的检验与校正则主要是针对这几个轴线之间的几何条件是否满足所进行的。

4.4.1 圆水准器的检验与校正。

(1)目的:使圆水准轴平行于仪器竖轴($L'L'//VV$)。

（2）检验:调节脚螺旋使圆气泡居中。将望远镜旋转180°,若气泡仍居中,如图4-2(a)所示,则条件满足;若气泡偏离中央,如图4-2(b)所示,则须校正。

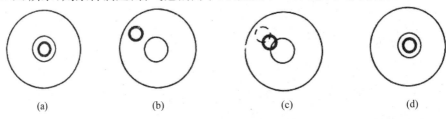

图4-2　圆水准器的检校

（3）校正:用校正针(拨针)拨动圆水准器的校正螺丝,如图4-3所示,改正气泡偏离值的一半(估计),如图4-2(c)所示,再调节脚螺旋,使气泡完全居中,如图4-2(d)所示。

以上步骤需重复进行,直至校正完善为止。

4.4.2　十字丝环的检验与校正。

（1）目的:使十字丝横丝垂直于仪器竖轴。

（2）检验:将仪器安平,以十字丝交点瞄准一固定点,拧紧制动螺旋,旋转水平微动螺旋,如果此固定点的轨迹始终通过横丝,则条件满足,否则须进行校正。

（3）校正:旋下目镜前的外罩,再松开十字丝环的四只固定螺丝,转动十字丝环使横丝水平,再旋紧四只固定螺丝,旋上外罩,如图4-4所示。

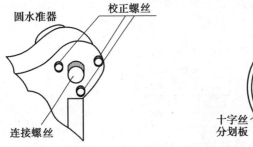

图4-3　圆水准器校正螺丝

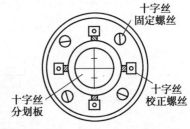

图4-4　十字丝环的检校

4.4.3　水准管轴的检验与校正。

（1）目的:使水准管轴平行于视准轴($LL /\!/ CC$)。

（2）检验:如图4-5所示,在相距约80 m处钉立两个木桩(或放置两块尺垫)$A$和$B$,并各立上水准尺。首先将仪器置于$AB$的中间,测出两点的正确高差$h_1 = a_1 - b_1$。然后将仪器移至$B$之外约3 m处,置平仪器,再测$A$、$B$间高差$h_2 = a_2 - b_2$。若$h_2 = h_1$,则望远镜视线成水平位置,即水准管轴平行于视准轴;如果$h_2 \neq h_1$,且差值大于8 mm,则必须进行校正。

（3）校正:先计算出视准轴水平时在$A$尺上的应有读数$a_2{}'$。

$$a_2' = b_2 + (a_1 - b_1) \tag{4-1}$$

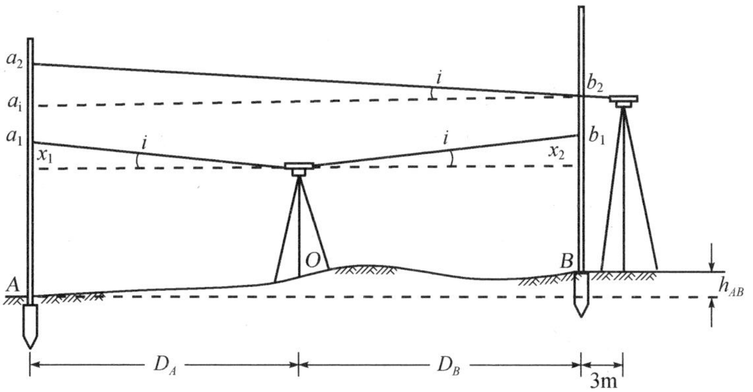

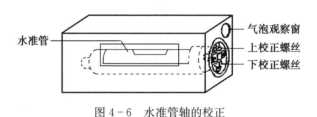

图 4-5 水准管轴平行于视准轴的检验

然后转动望远镜的微倾螺旋,使横丝对准 $a_2'$ 读数,此时视线水平,而水准管气泡必然偏离中央,用校正针直接调整水准管上、下校正螺丝使气泡居中,如图 4-6 所示。

水准管 ———— 气泡观察窗

上校正螺丝

下校正螺丝

图 4-6 水准管轴的校正

此项校正亦须反复进行,直至 $h_2$ 与 $h_1$ 之差不大于 8 mm 为止(或使 $i$ 角不超过 $\pm 20''$)。

$$i'' = \frac{a_2 - a_2'}{D_{AB}} \cdot \rho'' \tag{4-2}$$

式中 $\rho'' = 206\ 265''$。

## 4.5 记录举例

DS₃ 型水准仪的检验与校正记录举例见表 4-1。

## 4.6 注意事项

4.6.1 检验校正前认真复习,弄清检校目的及各项步骤的校正原理与方法。

4.6.2 检验校正是一项精细的工作,每一项检验完毕,应将数据提交指导老师复核,在老师指导下,再开始进行校正。

4.6.3 每一项检验与校正都应反复进行 2～3 次,直至满足要求,不能简单地认为校正一次就行了。

4.6.4 使用校正针进行校正时,应具有"轻重感",用力不可过大,否则会损坏仪器。校正时,校正螺丝一律要先松后紧,一松一紧,用力也不宜过大;校正完毕时,校正螺丝不能松动,应处于稍紧状态。

4.6.5 三个检校项目须按顺序进行,不能颠倒。

4.6.6 随时小心谨慎,爱护仪器。

表 4 - 1　DS₃型水准仪检验与校正记录

| 项目 | 前后 | 记录 | 项目 | 前后 | 记录 | 读数 | 备注 |
|---|---|---|---|---|---|---|---|
| 1.圆水准器校正 | 校正之前 | | 3.水准管轴校正 | 校正之前 | $AB=$ | 80 m | |
| | | | | | $a_1=$ | 2 084 | |
| | | | | | $b_1=$ | 1 306 | |
| | | | | | $a_2=$ | 2 256 | |
| | 校正之后 | | | | $b_2=$ | 1 466 | |
| | | | | | $a_2'=$ | 2 244 | |
| | | | | | $a_2-a_2'=$ | +0.012 | |
| | | | | | $i''=$ | 30.9″ | |
| | | | | | 视线 | 向上倾斜 | |
| 2.横丝校正 | 校正之前 | | | 校正之后 | $AB=$ | 80 m | |
| | | | | | $a_1=$ | 1 853 | |
| | | | | | $b_1=$ | 1 075 | |
| | | | | | $a_2=$ | 2 142 | |
| | 校正之后 | | | | $b_2=$ | 1 364 | |
| | | | | | $a_2'=$ | 2 142 | |
| | | | | | $a_2-a_2'=$ | 0 | |
| | | | | | $i''=$ | 0″ | |
| | | | | | 视线 | 水平 | |

# 5. 实习五　DJ₆型光学经纬仪的使用练习

## 5.1　实习目的

5.1.1　认识 DJ₆型光学经纬仪的构造和各主要部件的作用,要求初步掌握水平、竖直制动螺旋和微动螺旋的使用方法。

5.1.2　掌握水平度盘和竖直度盘的读数方法。

5.1.3　初步掌握经纬仪的对中、整平工作,进一步掌握望远镜的使用方法。

## 5.2　实习内容

5.2.1　练习经纬仪的对中、整平及各部件的使用方法。

5.2.2　用经纬仪测定某两个目标点间的水平角。

5.2.3　用经纬仪测定某个目标点的竖直角。

5.2.4　分别用盘左、盘右位置来测量水平角和竖直角,注意盘左、盘右读数间的关系。

5.2.5　此实习需 2～3 个课时。

## 5.3　实习工具

DJ₆型光学经纬仪—1,经纬仪脚架—1,记录板—1。

## 5.4　操作说明

5.4.1　在实习场地钉一木桩,桩顶钉一小钉(或画十字)作为测站点的点位。先将三脚架架于测站点上方,然后取出仪器,与三脚架头连接螺旋相连接,不宜用力过度,然后挂上垂球。

5.4.2　对中:使仪器水平度盘中心与地面测站点位于同一铅垂线上。常用的对中方法有垂球对中、光学对中和激光对中三种。垂球对中的误差一般可控制在 3 mm 以内;而光学对中和激光对中的误差可控制在 1 mm 以内。本次实习中采用垂球对中。光学对中和激光对中的方法详见本书实习六中的有关介绍。

垂球对中时应保持三脚架头处于大致水平位置。初步对中时,先使三脚架之一腿着地,然后双手执另两腿作前后、左右移动,保持架面的大致水平使垂球尖大约对准桩顶,将架脚踩入土中。稍微旋松架头连接螺旋,移动基座部分使垂球尖端准确对中测站点。

5.4.3　整平:将仪器的水平度盘置于水平位置。

整平时,先旋转仪器照准部至水准管与任意两个脚螺旋的连线平行。相对调节这两个脚螺旋,使水准管气泡居中,然后将仪器照准部旋转 90°,再调节第三个脚螺旋,使水准管气泡居中,如图 5-1 所示。此项工作反复数次,直至在任何位置气泡偏差不超过一格(2 mm)为止。

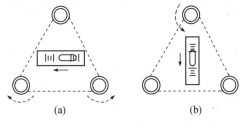

图5-1 仪器的整平

5.4.4 了解 DJ$_6$ 型光学经纬仪的基本构造、各部件名称,掌握其操作方法。国产 DJ$_6$ 型光学经纬仪如图5-2所示。

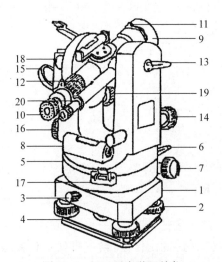

图5-2 DJ$_6$ 型光学经纬仪

1-基座;2-脚螺旋;3-轴套制动螺旋;4-脚螺旋压板;5-水平度盘外罩;6-水平方向制动螺旋;
7-水平方向微动螺旋;8-照准部水准管;9-物镜;10-目镜调焦螺旋;11-瞄准用的准星;
12-物镜调焦螺旋;13-望远镜制动螺旋;14-望远镜微动螺旋;15-反光照明镜;16-度盘读数测微轮;
17-复测按钮;18-竖盘水准管;19-竖盘水准管微动螺旋;20-度盘读数显微镜

5.4.5 瞄准:用望远镜瞄准目标。

(1) 将望远镜对向亮处(天空),调节目镜调焦螺旋,使十字丝像清晰。

(2) 转动照准部与望远镜,先用镜外瞄准装置对准目标,再用望远镜观看,如果目标已在视场内,即可旋紧望远镜与照准部制动螺旋。

(3) 调节物镜调焦螺旋,使目标像清晰。

(4) 调节望远镜与照准部微动螺旋,使十字丝交点精确对准目标,并注意消除视差。

5.4.6 读数:读取水平度盘与竖直度盘读数。

打开反光镜,调节读数显微镜目镜,使度盘与分微尺像同时清晰。

读数时,在读数窗内的分微尺(分为60小格,每小格代表1′)上有一竖直分划线,在分划线(处于分微尺 0′～60′之间的那根)正上方或下方的数据即为度;根据分划线在分微尺上的位置,直接读出分,并估读到 0′.1,二者合之即为度盘读数。

读取水平度盘读数。如图 5-3 中水平度盘读数为 178°05′.0。

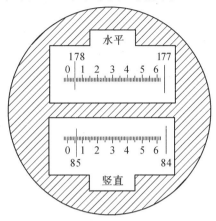

图 5-3　DJ₆型光学经纬仪读数窗

调节竖盘指标水准管微动螺旋,使竖盘指标水准管气泡居中(或使气泡像吻合),读取竖直度盘读数。如图 5-3 中竖直度盘读数为 85°06′.3。

## 5.5　记录举例

角度测量记录举例见表 5-1。

表 5-1　角度测量记录手簿

| 测站 | 目标 | 竖盘位置 | 水平度盘读数 | 竖直度盘读数 | 备注 |
|---|---|---|---|---|---|
| A | 1 | L | 143°06′.8 | 86°18′.3 | |
| | | R | 323°07′.0 | 273°41′.7 | |
| | 2 | L | 267°48′.2 | 98°47′.8 | |
| | | R | 87°48′.4 | 261°12′.2 | |

## 5.6　注意事项

5.6.1　仪器开箱时,必须仔细观察仪器在箱中的安放位置,以便在仪器使用完毕时,很方便地放回箱中。

5.6.2　仪器安装至三脚架上,必须随即将架头连接螺旋旋紧。各种制动螺旋未放松时,不可强行转动仪器。必须用双手扶着望远镜的支架转动仪器,不允许用手拿着望远镜水平向转动仪器。

5.6.3　仪器上各种螺旋不宜拧得过紧,以免损伤轴身。

5.6.4　读数前要消除视差,注意先目镜、后物镜的调节顺序。

# 6. 实习六  全站仪的使用练习

## 6.1  实习目的

6.1.1  了解一般全站仪的构造和性能。

6.1.2  掌握一般全站仪的使用方法。

## 6.2  实习内容

6.2.1  由指导教师现场介绍全站仪的构造和性能,并作示范测量。

6.2.2  在指导教师的协助下,分组进行操作练习。

6.2.3  此实习需2~3个课时。

## 6.3  仪器工具

全站仪—1,全站仪脚架—1,棱镜—1,棱镜杆—1,记录板—1。

## 6.4  全站仪介绍

全站仪是一种集测角、测距和测高等功能于一身的电子测量仪器。它能实现自动读数(液晶显示)、自动记录(存储卡)和自动计算(应用软件)。利用它,能高质、高效地完成多种测绘作业任务。目前国内各施工单位、科研单位、高等院校等所使用的全站仪品牌常见的有:瑞士的 Leica(徕卡),美国的 Trimble(天宝),日本的 Topcon(拓普康)、SOKKIA(索佳)、Nikon(尼康),国产的南方、苏一光、华测、中海达、科力达、三鼎、博飞、大地等,各品牌所生产的全站仪型号则是多得不胜枚举。由于各院校所购置仪器的不同,本书不可能将所有仪器一一介绍,建议各院校结合自己特色进行本次实习。

本书中以国内市场常见的广州南方测绘仪器公司生产的 NTS－302 型全站仪、苏州第一光学仪器厂生产的 RTS112 型全站仪、日本 SOKKIA 公司生产的 CX－101型全站仪几款为例进行介绍。

6.4.1  南方 NTS－302 型全站仪。

(1) 南方 NTS－302 型全站仪的构造及各部件名称,如图 6－1 所示。

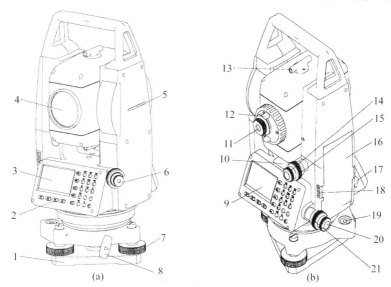

图 6-1　南方 NTS-302 型全站仪

1-底板;2-键盘;3-显示屏;4-物镜;5-仪器高中心标志;6-光学对点器(可选激光对点器);
7-整平脚螺旋;8-基座锁定钮;9-显示屏;10-管水准器;11-目镜;12-望远镜把手;13-粗瞄器;
14-垂直微调手轮;15-垂直制动手轮;16-电池盒;17-数据通信接口;18-电池锁紧钮;
19-圆水准器;20-水平微调手轮;21-水平制动手轮

（2）南方 NTS-302 型全站仪主要技术参数见表 6-1。

表 6-1　南方 NTS-302 型全站仪主要技术参数

| 内容 | 参数 | 备注 |
|---|---|---|
| 外形尺寸 | 160 mm×150 mm×340 mm | |
| 质量 | 5.4 kg | |
| 放大倍率 | 30× | |
| 成像 | 正像 | |
| 测角精度 | 2″ | 水平角、竖直角 |
| 角度最小显示 | 1″、0.5″ | 可选 |
| 测距精度 | $\pm(2+2\ ppm \cdot D)mm$ | |
| 距离最小显示 | 1 mm | |
| 最大测程 | 1.8 km | 单个棱镜(良好气象条件下) |
| | 2.6 km | 三棱镜组(良好气象条件下) |

（3）南方 NTS-302 型全站仪的键盘按键及其功能。

全站仪的操作主要通过操作键盘完成各项任务,南方 NTS-302 型全站仪的键盘按键及其功能可参见图 6-2 和表 6-2。

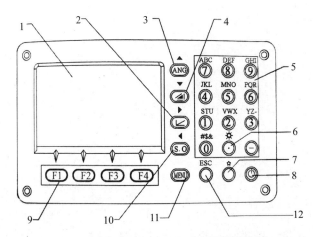

图 6-2 南方 NTS-302 型全站仪操作键

1-显示屏;2-坐标测量键(右移键);3-角度测量键(上移键);4-距离测量键(下移键);5-数字字母键盘;
6-点号键;7-星键;8-电源开关键;9-F1～F4 功能键;10-坐标放样键(左移键);11-菜单键;12-退出键

**表 6-2 南方 NTS-302 型全站仪键盘功能**

| 按键 | 名称 | 功能 |
|---|---|---|
| 【ANG】 | 角度测量键 | 进入角度测量模式(▲上移键) |
| 【◢】 | 距离测量键 | 进入距离测量模式(▼下移键) |
| 【∟】 | 坐标测量键 | 进入坐标测量模式(▶右移键) |
| 【S.O】 | 坐标放样键 | 进入坐标放样模式(◀左移键) |
| 【MENU】 | 菜单键 | 进入菜单模式 |
| 【ESC】 | 退出键 | 返回上一级状态或返回测量模式 |
| 【⏻】 | 电源开关键 | 电源开关 |
| 【F1】～【F4】 | 软键(功能键) | 对应于显示的软键信息 |
| 【0】～【9】 | 数字字母键盘 | 输入数字和字母、小数点、负号 |
| 【★】 | 星键 | 进入星键模式或直接开启背景光 |
| 【·】 | 点号键 | 开启或关闭激光指向功能 |

全站仪通常有两种工作模式:普通测量模式和菜单测量模式,南方 NTS-302 型全站仪也不例外。南方 NTS-302 型全站仪在普通测量模式下可分别切换成角度测量、距离测量和坐标测量状态;菜单测量模式下可分别进行内存管理、数据采集、坐标放样、悬高测量等工作。普通测量模式和菜单测量模式之间的切换可通过按【MENU】键和【ESC】键来实现。

6.4.2 苏一光 RTS112 型全站仪。

(1)苏一光 RTS112 型全站仪的构造及各部件名称,如图 6-3 所示。

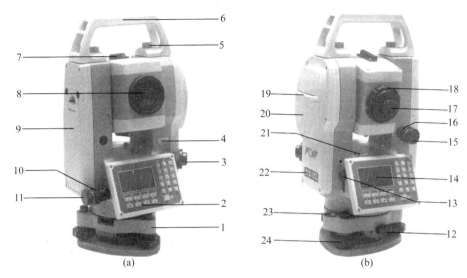

图 6-3　苏一光 RTS112 型全站仪

1-基座；2-按键；3-光学下对点；4-仪器号码；5-提手固定螺旋；6-提手；7-粗瞄准器；8-物镜；
9-电池；10-水平制动螺旋；11-水平微动螺旋；12-基座锁紧钮；13-USB接口；14-显示屏；
15-竖直微动螺旋；16-竖直制动螺旋；17-目镜；18-调焦螺旋；19-横轴中心；20-SD卡槽；
21-长水准器；22-仪器型号；23-圆水准器；24-脚螺旋

（2）苏一光 RTS112 型全站仪主要技术参数见表 6-3。

表 6-3　苏一光 RTS112 型全站仪主要技术参数

| 内容 | 参数 | 备注 |
|---|---|---|
| 外形尺寸 | 160 mm×155 mm×360 mm | |
| 质量 | 5.5 kg | |
| 放大倍率 | 30× | |
| 成像 | 正像 | |
| 测角精度 | 2″ | 水平角、竖直角 |
| 角度最小显示 | 1″ | 可选 |
| 测距精度 | $\pm(2+2\ \text{ppm} \cdot D)\text{mm}$ | |
| 距离最小显示 | 1 mm | |
| 最大测程 | 350 m | 免棱镜（RTS112R 型） |
| | 5 000 m | 单个棱镜（良好气象条件下） |

（3）苏一光 RTS112 型全站仪的键盘按键及其功能。

苏一光 RTS112 型全站仪的键盘按键及其功能可参见图 6-4 和表 6-4。

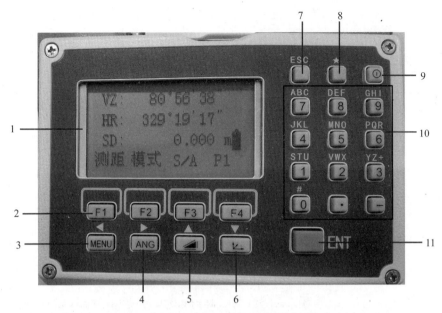

图 6-4 苏一光 RTS112 型全站仪操作键

1-显示屏;2-F1~F4 功能键;3-菜单键(左移键);4-角度测量键(右移键);5-距离测量键(上移键);
6-坐标测量键(下移键);7-退出键;8-星键;9-电源开关键;10-数字字母键盘;11-回车键

表 6-4 苏一光 RTS112 型全站仪键盘功能

| 按键 | 第一功能 | 第二功能 |
|---|---|---|
| 【F1】~【F4】 | 对应第四行显示的功能 | 功能参见所显示的信息 |
| 【0】~【9】 | 输入相应的数字 | 输入字母以及特殊符号 |
| 【ESC】 | 退出各种菜单功能 | |
| 【★】 | 进入快捷设置模式 | |
| 【①】 | 电源开关 | |
| 【MENU】 | 进入仪器主菜单 | 字符输入时光标向左移<br>内存管理中查看数据上一页 |
| 【ANG】 | 切换至角度测量模式 | 字符输入时光标向右移<br>内存管理中查看数据下一页 |
| 【◢】 | 切换至平距、斜距测量模式 | 向前翻页<br>内存管理中查看上一点数据 |
| 【∠】 | 切换至坐标测量模式 | 向后翻页<br>内存管理中查看下一点数据 |
| 【ENT】 | 确认数据输入 | |

6.4.3 日本 SOKKIΔ CX-101 型全站仪。

(1) 日本 SOKKIΔ CX-101 型全站仪的构造及各部件名称,如图 6-5 所示。

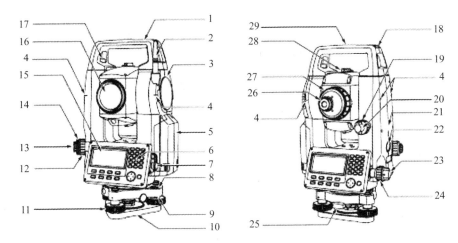

图 6 - 5　日本 SOKKIΛ CX - 101 型全站仪

1-提柄；2-蓝牙天线；3-外存接口仓；4-仪器高标志；5-电池仓护盖；6-操作面板；7-串口与外部
电源共用接口；8-圆水准器；9-圆水准器校正螺丝；10-基座底板；11-脚螺旋；12-光学对中器调焦环；
13-光学对中器目镜；14-光学对中器分划板护盖；15-显示屏；16-望远镜物镜；17-提柄固定螺丝；
18-管式罗盘插槽；19-垂直微动手轮；20-垂直制动钮；21-扬声器；22-触发键；23-水平制动钮；24-水平
微动手轮；25-三角基座制动控制杆；26-望远镜目镜；27-望远镜调焦环；28-粗照准器；29-仪器中心标志

（2）日本 SOKKIΛ CX - 101 型全站仪主要技术参数见表 6 - 5。

表 6 - 5　日本 SOKKIΛ CX - 101 型全站仪主要技术参数

| 内容 | 参数 | 备注 |
|---|---|---|
| 外形尺寸 | 191 mm×181 mm×348 mm | |
| 质量 | 5.6 kg | |
| 放大倍率 | 30× | |
| 成像 | 正像 | |
| 测角精度 | 1″ | 水平角、竖直角 |
| 角度最小显示 | 0.5″/1″ | 可选 |
| 测距精度 | $\pm(2+2 \text{ ppm} \cdot D)$mm | |
| 距离最小显示 | 1 mm | |
| 测程 | 0.3～220 m | 免棱镜 |
| | 1.3～4 000 m | 单个棱镜（良好气象条件下） |

（3）日本 SOKKIΛ CX - 101 型全站仪的键盘按键及其功能。

日本 SOKKIΛ CX - 101 型全站仪的键盘按键及其功能可参见图 6 - 6 和表 6 - 6。

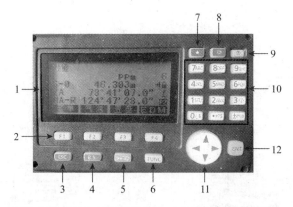

图 6-6　日本 SOKKIΛ CX-101 型全站仪操作键

1-显示屏;2-F1~F4功能键;3-退出键;4-倒回键;5-切换键;6-功能键;7-星键;
8-照明键;9-电源键;10-数字字母键盘;11-方向键;12-回车键

表 6-6　日本 SOKKIΛ CX-101 型全站仪键盘功能

| 按键 | 功能 |
|---|---|
| 【F1】~【F4】 | 选取软件对应功能 |
| 【FUNC】 | 软件功能菜单页面切换 |
| 【SHIFT】 | 在数字或字母输入模式间进行切换 |
| 【0】~【9】 | 在数字输入模式下输入按键上的数字<br>在字母输入模式下顺序输入按键上方的字符 |
| 【.】/【±】 | 在数字输入模式下输入小数点或正负号<br>在字母输入模式下顺序输入按键上方的字符 |
| 【◄】【►】 | 左、右移动光标或改变选项内容 |
| 【ESC】 | 取消输入的数据 |
| 【B.S.】 | 删除左边字符 |
| 【ENT】 | 确认输入 |

CX-101 型全站仪测角精度为 1″,属于精密全站仪,主要用于控制测量、变形监测等精密测角和测距项目。

### 6.5　操作说明

6.5.1　全站仪的对中、整平。

全站仪属于精密仪器,通常需采用精度更高的光学对中器或激光下对点器进行对中。

采用光学对中时,对中、整平需交替进行,步骤稍有点复杂,需勤加练习才能熟练掌握。光学对中、整平的具体操作步骤如下:

(1) 安放脚架:将脚架的三腿伸至合适长度后,置其中一腿于测点前侧,另两腿分别位于测点左后侧和右后侧,将整个脚架架在测点的正上方。同时,尽量使脚架顶面近似水平,然后放下三脚架。

(2) 安放仪器:从仪器箱取出全站仪,置于脚架上,并立即旋紧中心螺旋。

(3) 调节目标:调节光学对中器的目镜和物镜,使光学对中器的十字丝和测点标志成像都很清晰。

(4) 粗略对中:此时,测点左后侧和右后侧的脚架两腿正好在操作者的身体两边,左右手分执两腿,尽量保持脚架顶面水平的情况下,使光学对中器的十字丝中心对准地面上的测点标志,放下脚架。如地面为泥地,需踩实,尽量三条腿用力一致,不使架面倾斜。

(5) 粗略整平:观察圆水准器气泡的偏离方向,通过伸长或缩短三脚架腿来使圆水准器气泡居中。① 判断好哪条腿需要伸缩后,左手握紧此脚架腿的伸缩接头处,右手轻轻松开架腿的制动螺旋;② 左右手协助,慢慢伸或缩脚架的腿,至圆水准器气泡位于此腿伸缩方向的中间时稳住;③ 左手继续握紧接头处,用右手拧紧架腿的制动螺旋。同样的方法调节另一条腿。重复前面的步骤,直至圆水准器气泡居中。注意:此项工作的要求较高,因仪器已经安置在脚架上,伸缩调节过程中,左手应始终握住接头处,以防仪器跌落。此项工作应谨慎小心。

(6) 精确对中:此时圆水准器气泡居中,但光学对中器十字丝中心可能会稍稍偏离测点标志。这时,稍许松开中心连接螺旋,双手扶紧仪器基座,在脚架顶面上缓慢做平面移动,使光学对中器十字丝中心精确对准测点标志。再立刻旋紧中心连接螺旋。

(7) 精确整平:转动照准部,使水准管平行于其中两个脚螺旋的连线方向,用左手大拇指法则,调节这两个脚螺旋,使水准管气泡居中;照准部转动90°,使水准管垂直于刚才两个脚螺旋的连线方向,单独调节第三个脚螺旋,使水准管气泡居中。重复上面的步骤,使水准管气泡在所有方向上都居中。

(8) 完全对中、完全整平:精确整平后,再次检查光学对中器,如果发现光学对中器十字丝中心偏离测点标志,重复进行步骤(6)和(7),直至满意为止。

激光对中的操作方法:

(1) 以苏一光RTS112型全站仪为例,按电源键开机后,在【★】星键模式下,按【F3】键,进入下对点调节设置,按【F1】(+)键即可打开激光下对点器,在地面上可以看到一红色光斑,顺时针旋转调焦环可调整光斑的大小。然后进行对中、整平等操作。

(2) 以苏一光RTS332型全站仪为例,按电源键开机后,按【FUNC】键进入【功能】界面,按【F1】键或数字【1】键进入【整平/置中】界面,通过方向键【▲】和【▼】控制激光下对点开关,有黑色能量条显示时为激光下对点打开,黑色能量条越长,激光下对点亮度越高,无黑色能量条显示时为激光下对点关闭。然后进行对中、整平等操作。

有的全站仪只有在开启主机电源之后,才能开启激光对点器,需了解自己所用仪器的操作方法。

打开激光对点器后,其操作步骤与采用光学对中时一样,交替进行粗略对中、粗略整平;精确对中、精确整平;直至满意为止。

对中、整平结束后,建议关闭激光下对点器。

6.5.2 了解、熟悉全站仪的键盘界面及其各功能键,了解各菜单的分布和所能实现的功能。

6.5.3 练习水平角观测、竖直角观测、距离观测,以及数据采集、点位放样等基本功能。

6.5.4 在指导教师的协助下,分组进行操作练习。

### 6.6 注意事项

全站仪属高精度贵重仪器,学生们应在指导教师讲解完毕后,在老师的指导和协助下进行仪器操作。禁止学生未经讲解即开始操作;禁止学生在无老师指导的情况下单独操作。

# 7. 实习七　水平角观测

## 7.1　实习目的

7.1.1　练习用测回法观测水平角的方法。

7.1.2　掌握用测回法观测水平角的记录与计算方法。

## 7.2　实习内容

7.2.1　小组内每个人需完成一个水平角两个测回的观测任务。

7.2.2　此实习需 2～3 个课时。

## 7.3　仪器工具

$2''$ 级全站仪—1(或 $DJ_6$ 型光学经纬仪—1),脚架—1,记录板—1。

## 7.4　操作说明

7.4.1　如图 7-1,在施测地区布置 $A$、$B$、$O$ 三点,在 $O$ 点打下木桩,桩顶钉以小钉或画十字标志点位,作为测站点。在 $A$、$B$ 桩上各竖立测钎(或架设棱镜,或在墙面贴全站仪反射贴),作为观测目标。

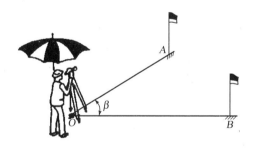

图 7-1　测回法观测水平角

7.4.2　测回法观测水平角(左角):

(1) 安置仪器于 $O$ 点,对中、整平。

(2) 调节好望远镜,调清楚十字丝和观测目标,准备观测。

(3) 盘左(正镜)时,先转动照准部,瞄准后站 $A$,读取水平度盘读数,设为 $a_1$;然后转动照准部瞄准前站 $B$,读取水平度盘读数,设为 $b_1$。以上用盘左位置测角一次称为前半测回,其角值为

$$\beta_L = b_1 - a_1 \tag{7-1}$$

(4) 倒转望远镜(即望远镜绕横轴转 $180°$)成盘右(倒镜)位置时,先瞄前站 $B$,读取水平度盘读数,设为 $b_2$;再瞄准后站 $A$,读取水平度盘读数,设为 $a_2$。以上用盘右

位置测角一次称为后半测回,其角值为

$$\beta_R = b_2 - a_2 \tag{7-2}$$

前半测回与后半测回所测角值之差 2C 的绝对值,不得超过 13″,即

$$|\beta_L - \beta_R| \leqslant 13'' \tag{7-3}$$

两个半测回合起来称为一测回,则:

$$\beta = (\beta_L + \beta_R)/2 \tag{7-4}$$

对于常见的 2″ 级的全站仪,上、下两个半测回角值之差 2C 应不超过 13″,如果超限,应该检查原因,如属于观测错误必须重新观测;在学生对全站仪操作还不熟悉,2C 差可以适当放宽到 24″。如果采用的是 DJ$_6$ 型光学经纬仪,2C 差应不超过 40″。

### 7.5 记录举例

水平角测量记录举例见表 7-1。

**表 7-1 水平角测量记录手簿**

| 测站 | 目标 | 竖盘位置 | 水平度盘读数(° ′ ″) | 水平角(° ′ ″) | 平均水平角(° ′ ″) | 备注 |
|---|---|---|---|---|---|---|
| O | A | L | 0°12′18″ | 120°27′36″ | 120°27′48″ | |
| | B | | 120°39′54″ | | | |
| | A | R | 180°12′12″ | 120°28′00″ | | |
| | B | | 300°40′12″ | | | |

### 7.6 注意事项

7.6.1 目标不能瞄错,应尽量瞄准测钎的底端,并用十字丝竖丝瞄准测钎中间位置。

7.6.2 计算时,须注意左角和右角的区别。用夹角右侧目标读数减去左侧目标读数,如计算出现负值,应将计算结果加上 360°,使水平角值在 0°~360° 之间。

7.6.3 水平角观测时,应随测随记。观测完毕,应立即将水平角值算出。先将前半测回测完再进行后半测回观测,并注意检核 $|\beta_L - \beta_R| \leqslant 13''$,超限应重测。(对于 DJ$_6$ 型光学经纬仪,$|\beta_L - \beta_R| \leqslant 40''$。)

7.6.4 不同测回之间,可按 (180°/n) 配置水平度盘。如:需测两个测回时,即第一测回将起始方向的水平度盘配置到 0°10′00″ 处后再进行观测;第二测回则将起始方向的水平度盘配置到 90°10′00″ 处。

7.6.5 同一水平角不同测回间互差应小于 9″,超限需重测。(对于 DJ$_6$ 型光学经纬仪,测回间互差应小于 24″。)

# 8. 实习八　竖直角观测

## 8.1　实习目的

8.1.1　练习竖盘指标差的测定与计算。

8.1.2　练习竖直角的观测与计算。

## 8.2　实习内容

8.2.1　小组内每个人需完成一个竖直角两个测回的观测任务。

8.2.2　此实习需 2～3 个课时。

## 8.3　仪器工具

$2''$ 级全站仪—1(或 $DJ_6$ 型光学经纬仪—1),脚架—1,记录板—1。

## 8.4　操作说明

8.4.1　在施测地区布置一个点 $O$,打下木桩,桩顶钉以小钉或画十字标志点位,作为测站点。

8.4.2　安置仪器在测站点 $O$ 上,进行对中、整平,准备观测。

8.4.3　以盘左位置,望远镜瞄准一高处目标点 $A$ 或低处目标点 $B$(如建筑物顶部或花杆顶部等),如图 8-1 所示。读取竖盘读数 $L$。(注意:如果使用的是 $DJ_6$ 型光学经纬仪,需先调节竖盘指标水准管微动螺旋,使竖盘指标水准管气泡严格居中,再进行读数。)

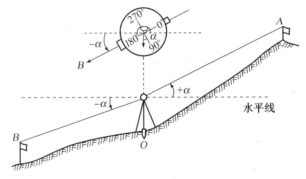

图 8-1　测回法观测竖直角

8.4.4　以盘右位置,再次瞄准同一目标,读取竖盘读数 $R$。(如果是 $DJ_6$ 型光学经纬仪,使竖盘气泡严格居中后再进行读数。)

8.4.5　计算竖盘指标差 $x$,计算公式为

$$x = (L + R - 360°)/2 \qquad (8-1)$$

其中指标差 $x$ 应以秒为单位。

8.4.6 计算竖直角 $\alpha$,计算公式为

$$\alpha_L = 90° - L \tag{8-2}$$
$$\alpha_R = R - 270° \tag{8-3}$$
$$\alpha = (\alpha_L + \alpha_R)/2 \tag{8-4}$$

其中,平均竖直角要以度分秒为单位。

## 8.5 记录举例

竖直角测量记录举例见表 8-1。

表 8-1 竖直角测量记录手簿

| 测站 | 目标 | 竖盘位置 | 竖盘读数<br>(° ′ ″) | 竖直角<br>(° ′ ″) | 指标差<br>(″) | 平均竖直角<br>(° ′ ″) |
|---|---|---|---|---|---|---|
| A | 1 | L | 68°18′12″ | 21°41′48″ | −3″ | 21°41′45″ |
|   |   | R | 291°41′42″ | 21°41′42″ |   |   |
|   | 2 | L | 97°20′42″ | −7°20′42″ | −6″ | −7°20′48″ |
|   |   | R | 262°39′06″ | −7°20′54″ |   |   |

## 8.6 注意事项

8.6.1 竖直角观测时,应尽量用十字丝横丝切准目标的顶部或底部。

8.6.2 竖直角观测时,如果是 DJ₆ 型光学经纬仪,每次读数前应使竖盘指标水准管气泡居中。

8.6.3 同一台全站仪观测算得的指标差之间的互差不得超过 9″,超限应重测。(对于 DJ₆ 型光学经纬仪,指标差互差应小于 25″。)

8.6.4 竖直角有正负之分,计算结果应在 −90°～+90° 之间。

# 9．实习九　全站仪的检验与校正

## 9.1　实习目的

9.1.1　认识全站仪各轴线间的正常关系。

9.1.2　掌握全站仪检验、校正的程序与方法。

## 9.2　实习内容

9.2.1　水准管轴的检验与校正。

9.2.2　十字丝环的检验与校正。

9.2.3　视准轴的检验与校正。

9.2.4　望远镜旋转轴(横轴)的检验与校正。

9.2.5　竖盘指标差 $x$ 的检验与校正。

9.2.6　仪器加常数和乘常数的检定。

9.2.7　此实习需 3～4 个课时。

## 9.3　仪器工具

$2''$ 级全站仪—1，全站仪脚架—1，校正针—1，螺丝起子—1，记录板—1。

## 9.4　操作说明

如图 9-1 所示，全站仪的主要轴线有：视准轴 $CC$、水准管轴 $LL$、仪器横轴 $HH$、仪器竖轴 $VV$。它们应该满足以下几何条件：

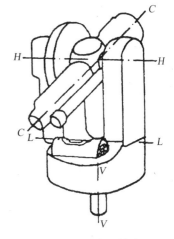

(1) 水准管轴垂直于仪器竖轴($LL\perp VV$)；

(2) 十字丝竖丝垂直于仪器横轴；

(3) 视准轴垂直于仪器横轴($CC\perp HH$)；

(4) 仪器横轴垂直于仪器竖轴($HH\perp VV$)；

(5) 竖盘指标差 $x=0''$。

而全站仪的检验与校正则主要是针对这几个轴线之间的几何条件是否满足所进行的。

图 9-1　全站仪的轴线

9.4.1　水准管轴的检验与校正。

(1) 目的：照准部水准管轴应垂直于仪器竖轴($LL\perp VV$)。

(2) 检验：先将仪器大致安平，使水准管轴与任意两个脚螺旋的连线平行，并转动这两个脚螺旋，使水准管气泡居中，然后将照准部旋转 $180°$，若水准管气泡仍然居中，则 $LL\perp VV$(即满足条件)；如果水准管气泡偏于一方，且偏差超过两格，此时需进行校正，如图 9-2(a)、(b)所示。

（3）校正:记下水准管偏离格数,用校正针拨动水准管校正螺丝,使气泡返回原偏离总格数的一半,如图9-2(c)所示。再调脚螺旋,使气泡居中,如图9-2(d)所示。

重复检验与校正步骤,直至校正完善为止。最后将照准部转至任何位置,水准管的气泡都应准确居中(偏差不超过半格)。

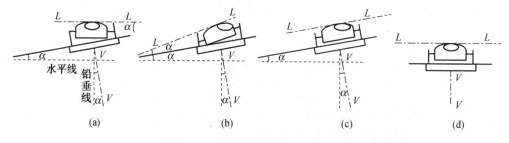

图9-2  水准管轴的检验与校正

9.4.2  十字丝环的检验与校正。

（1）目的:十字丝的竖丝应垂直于望远镜的旋转轴(横轴)。

（2）检验:仪器经过安平后,将十字丝的交点对准水平方向任一目标点,拧紧照准部和望远镜的制动螺旋。转动望远镜竖直微动螺旋,使望远镜在竖直面内移动。如果此固定点的轨迹始终通过竖丝,表明条件满足,否则应进行校正(也可用竖丝瞄准远方悬挂的垂球线,看两者是否重合进行判断)。

（3）校正:放松十字丝环固定螺丝,使十字丝分划板座作微小转动,以达到竖丝处于竖直位置,然后再将十字丝分划板固定,如图9-3所示。

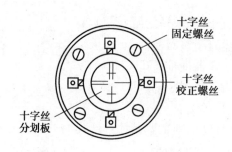

图9-3  十字丝竖丝的检校

9.4.3  视准轴的检验与校正。

（1）目的:望远镜视准轴应垂直于仪器横轴($CC \perp HH$)。

（2）检验:以盘左位置瞄准远处水平位置一目标点(与仪器高度大致相同的目标),读取水平度盘读数,设为 $\alpha_1$,再以盘右位置瞄准该点,读得水平度盘读数为 $\alpha_2$。如果 $\alpha_2 = \alpha_1 \pm 180°$,则条件满足,若差值大于20″则应进行校正,如图9-4所示。

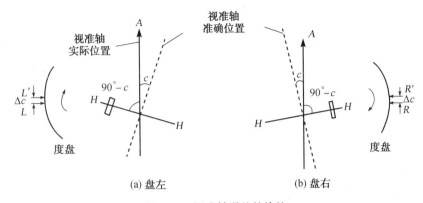

图 9 - 4　视准轴误差的检校

（3）校正：算出视准轴位置正确时的读数：$\alpha_0 = [\alpha_1 + (\alpha_2 \pm 180°)]/2$，调节水平微动螺旋，使度盘读数为 $\alpha_0$，此时十字丝交点离开了原来目标，调节十字丝环上左右相对的校正螺丝，使十字丝交点对准原来所瞄的目标点。

校正时应先松开上（或下）面一校正螺丝，再先松后紧调节左右的校正螺丝。

校正后再检验一次，检查是否已校正完善，如已完善，可将原来放松的上（或下）校正螺丝旋紧。

9.4.4　横轴的检验与校正。

（1）目的：横轴应垂直于竖轴（$HH \perp VV$）。

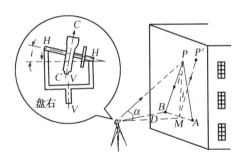

图 9 - 5　横轴误差的检校

（2）检验：仪器安置于一高目标附近，使其仰角大于 $20°$。以盘左位置瞄高处目标 $P$ 点，转动望远镜至大致水平位置，按十字丝交点在前方的墙面上标出一点 $A$。再以盘右位置瞄准高处 $P$ 点，投影至墙面标出一点 $B$。若 $A$ 与 $B$ 重合，则条件满足，即 $HH \perp VV$；若 $A$ 与 $B$ 不重合，则需进行校正，如图 9 - 5 所示。

（3）校正：全站仪的校正，需在室内检验台上进行。组织分组参观。

9.4.5　竖盘指标差 $x$ 的检验与校正。

（1）目的：竖盘指标差 $x = 0''$。

（2）检验：盘左时瞄准高处（或低处）目标，读取竖盘读数 $L$；再以盘右瞄准该目标,读取竖盘读数为 $R$。按公式(8-1)计算出竖盘指标差 $x$。如果 $x$ 不超过 $10''$ 则条件满足,否则需进行校正。

(3) 校正:由于安装的原因,竖直度盘的物理零位与水平方向不一致,这就是竖盘的安装指标差。在进行竖直角观测时,必须将两者统一起来。全站仪的校正程序中采用一个简单的加减计算手段扣除这个差异,即安装指标差的电子补偿。竖盘校正的目的就是计算出竖盘的安装指标差,为软件修正提供数据。按仪器自带校正程序要求进行操作即可。

此项校正亦需反复进行。

9.4.6　仪器加常数和乘常数的检定。

(1) 目的:检定全站仪测距部分的加常数和乘常数。

(2) 检验:全站仪加常数和乘常数的检定方法有多种,有解析法、回归法、基线比较法等。这里介绍一下最常用的基线比较法。

基线场通常由位于同一条直线、处于同一水平面上的 7 个检定观测墩构成。观测墩需建设在地基稳固、不受外界干扰、可通视的安静地区,墩顶预埋安置仪器和棱镜的强制对中连接螺丝。各观测墩墩顶间的标准距离由专业检测队伍用钢钢线尺精确测定,其准确度应优于 $2\times10^{-5}$ m,并定期复测,以保证其精度要求。

检定加常数和乘常数时,可采用六段法。7 个检定观测墩之间形成六段长短不同的基线。按 0、1、2、…、6 号给 7 个观测墩进行编号;将全站仪安置在 0 号观测墩,分别观测安置在 1、2、…、6 号观测墩上的棱镜并读取 6 个基线段的距离,每段距离需读取 5 次,并取平均值;将全站仪安置在 1 号观测墩,分别观测安置在 2、3、…、6 号观测墩上的棱镜并读取 5 个基线段的距离并计算平均值……同样的方法一直测到 5、6 号观测墩之间,一共读取 21 段不同的基线段距离观测值。测距的同时,记录基线场的温度、气压、湿度等数据,对距离观测值进行气象改正。通过不同测段的距离观测值与标准值的对比平差,计算得到全站仪测距部分的加常数和乘常数。

(3) 校正:全站仪测距部分的加常数和乘常数的检定,需到专业的全站仪检测基线场上进行。可组织同学到东南大学九龙湖校区的全站仪检测基线场分组参观。

## 9.5　记录举例

全站仪检验与校正记录举例见表 9-1。

### 表 9-1 全站仪测角部分的检验与校正

**1. 水准管轴的检校**

| 次数 | 项目 | 数值 |
|---|---|---|
| 1 | 长水准管 | 2 格 |
| 1 | 圆水准器 | 稍偏 |
| 2 | 长水准管 | 居中 |
| 2 | 圆水准器 | 居中 |

**2. 十字丝竖丝的检校**

| 次数 | 图示 |
|---|---|
| 1 | （十字丝圆图） |
| 2 | 盘左时视准轴偏（左 or 右）（十字丝圆图） |

**3. 视准轴的检校**

| 次数 | 镜位 | 水平度盘读数 ° ′ ″ |
|---|---|---|
| 1 | L | 0°08′30″ |
| 1 | R | 180°06′42″ |
| 1 | 2C | 108″ |
| 2 | L | 60°09′48″ |
| 2 | R | 240°07′48″ |
| 2 | 2C | 120″ |
| 3 | L | 120°13′30″ |
| 3 | R | 240°11′36″ |
| 3 | 2C | 114″ |

**4. 横轴的检校**

| 次数 | 盘左、右投影点距离 |
|---|---|
| 1 | $D=2$ mm |
| 2 | $D=0$ mm |

**5. 竖直指标差的检校**

| 次数 | 镜位 | 竖直度盘读数 ° ′ ″ |
|---|---|---|
| 1 | L | 76°47′24″ |
| 1 | R | 283°12′48″ |
| 1 | 指标差 | $x=+6″$ |
| 1 | 正确 $\alpha=$ | 13°12′42″ |
| 1 | 正确 $R=$ | 283°12′42″ |
| 2 | L | 76°47′30″ |
| 2 | R | 283°12′42″ |
| 2 | 指标差 | $x=+6″$ |
| 2 | 正确 $\alpha=$ | 13°12′36″ |
| 2 | 正确 $R=$ | 283°12′36″ |
| 3 | L | |
| 3 | R | |
| 3 | 指标差 | $x=$ |
| 3 | 正确 $\alpha=$ | |

## 9.6 注意事项

9.6.1 全站仪的检定项目包括光电测距部分和电子测角部分。

光电测距部分的实际检定项目包括：(1) 光学对中器的检定；(2) 照准、发射、接收三轴关系的正确性的检定；(3) 周期误差的检定；(4) 仪器加常数和乘常数的检定等多个项目。

电子测角部分的实际检定项目包括：(1) 光学对中器视轴与竖轴的重合度检定；(2) 长水准管与竖轴垂直度的检定；(3) 望远镜十字丝的铅垂度的检定；(4) 望远镜视准轴与横轴垂直度的检定；(5) 望远镜旋转轴（横轴）与竖轴垂直度的检定；(6) 竖盘指标差 $x$ 的检定；(7) 倾斜补偿器的零位误差及补偿范围的检定；(8) 补偿准确度的检定等多个项目。

这里只讲解了可操作性较强的几个项目，感兴趣的同学可根据需要参考学习。

9.6.2 如果检校 $DJ_6$ 型光学经纬仪，可对比参照前五个项目进行检校。

9.6.3 校正前认真复习，弄清检校目的及各项步骤的校正原理与方法。

9.6.4 检验校正是一项精细的工作，每一项检验完毕，应将数据提交指导老师复核,并在老师指导下,再开始进行校正。

9.6.5 每一项检验与校正都应反复进行 2～3 次,直至满足要求,不能简单地认为校正一次就行了。

9.6.6 使用校正针进行校正,应具有"轻重感",用力不可过大,否则会损坏仪器。校正时,校正螺丝一律要先松后紧,一松一紧,用力也不宜过大;校正完毕时,校正螺丝不能松动,应处于稍紧状态。

9.6.7 关于轴系的五个检校项目须按顺序进行,不能颠倒。

9.6.8 随时小心谨慎,爱护仪器。

# 10. 实习十 全站仪导线测量

## 10.1 实习目的

10.1.1 明确图根导线测量作为平面控制的意义。

10.1.2 掌握全站仪导线测量的外业工作(包括选点、测角、量距)与记录、计算。

## 10.2 实习内容

10.2.1 根据测区情况,选取四个导线点作为平面控制点。

10.2.2 用全站仪测回法观测四个内角,同时观测四条导线边长。

10.2.3 导线坐标计算。

10.2.4 此实习需3个课时。

## 10.3 仪器工具

全站仪—1,全站仪脚架—1,棱镜—2,棱镜杆—2,记录板—1。

## 10.4 操作说明

10.4.1 导线点的选设。

根据测区的情况进行选点。选点时要求通视条件良好,能够测到尽可能多的地形特征点。在地形较为复杂的地方,需同时考虑导线支点的布设。本次实习各组在指定地区内根据已建立的固定标志为导线点,如图10-1所示。以西南角之点为起点,按顺时针方向进行编号,绘出草图。

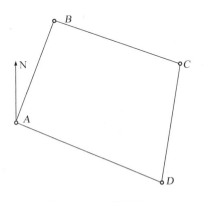

图 10-1 导线测量

10.4.2 导线的角度观测与边长观测。

用测回法观测导线边所夹的右角。观测两个测回,测回间需配置度盘,第一测回:$0°10'00''$左右;第二测回:$90°10'00''$左右。

测角的同时,用全站仪测量导线边的水平距离,测量时应读取温度和气压进行气象改正。

一级图根导线测量的观测、计算的限差见表10-1。

表10-1　一级导线测量限差要求

| 水平角测量(2″级全站仪) | | | 距离测量 | | |
|---|---|---|---|---|---|
| 测回数 | 同一测回内 2C 较差 | 同一水平角 各测回较差 | 测回数 | 读数次数 | 读数限差 |
| 2 | 13″ | 9″ | 1 | 4 | 5 mm |
| 闭合差 | | | | | |
| 方位角闭合差 | | $\leqslant \pm 10''\sqrt{n}$ | | | |
| 导线相对闭合差 | | $\leqslant 1/14\,000$ | | | |

注:$n$ 为测站数。

**10.4.3** 导线起始边方位角的确定。

实习时,指导老师可提供导线点1号点和2号点的坐标,根据1、2点的坐标,反算导线起始边的方位角。如果没有提供起始边的方位角的情况下,可采用罗盘仪观测导线起始边的磁方位角作为起始边方向值。观测时要求正向与反向观测,直线的正、反方位角之差应该在$180°\pm30'$范围内。将反方位角$\pm180°$后与正方位角取均值作为起始边方向值。

**10.4.4** 导线测量坐标计算参见本书课堂练习一。

## 10.5　记录举例

导线测量记录举例见表10-2。

表10-2　导线测量记录手簿

| 测站 | 目标 | 竖盘位置 | 水平度盘读数 | 水平角度 | 平均角度 | 磁方位角 | 边长(m) |
|---|---|---|---|---|---|---|---|
| A | B | L | 0°09′42″ | 89°37′02″ | 89°36′58″ | | 边号:A—B 往测:78.168 |
| | D | | 89°46′44″ | | | | |
| | B | R | 180°09′36″ | 89°36′54″ | | | 返测:78.170 |
| | D | | 269°46′30″ | | | 35°15′ | 平均:78.169 |

| 测站 | 目标 | 竖盘位置 | 水平度盘读数 | 水平角度 | 平均角度 | 磁方位角 | 边长（m） |
|---|---|---|---|---|---|---|---|
| B | C | L | 0°09′54″ | 89°33′42″ | 89°33′46″ | 215°45′ | 边号：B—C 往测：129.290 |
| | A | | 89°43′36″ | | | | |
| | C | R | 180°10′00″ | 89°33′50″ | | | 返测：129.292 |
| | A | | 269°43′50″ | | | | 平均：129.291 |
| C | D | L | 0°10′24″ | 73°00′18″ | 73°00′22″ | | 边号：C—D 往测：80.179 |
| | B | | 73°10′42″ | | | | |
| | D | R | 180°10′18″ | 73°00′26″ | | | 返测：80.177 |
| | B | | 253°10′44″ | | | | 平均：80.178 |
| D | A | L | 0°09′48″ | 107°48′42″ | 107°48′46″ | | 边号：D—A 往测：105.263 |
| | C | | 107°58′30″ | | | | |
| | A | R | 180°10′00″ | 107°48′50″ | | | 返测：105.263 |
| | C | | 287°58′50″ | | | | 平均：105.263 |

## 10.6　注意事项

10.6.1　选取的导线点应稳妥,便于保存标志和安置仪器,便于控制整个测区。

10.6.2　明确分工,轮流操作。

10.6.3　每站观测完毕,随即算出结果。如果不符合要求,应立即重新观测。

10.6.4　导线内角观测结束,应验算角度闭合差,若在容许范围以内,方可进行导线计算。

10.6.5　记录及计算时,注意导线内角与导线边长的对应,不要发生错位,以免导线计算不能闭合。

# 11.实习十一　全站仪测绘法测绘地形图

## 11.1　实习目的

11.1.1　了解地形测量的工作内容和步骤。

11.1.2　熟悉用全站仪施测地形。

11.1.3　明确地形特征点的选择。

11.1.4　能根据实测地形点勾绘等高线图。

## 11.2　实习内容

11.2.1　利用全站仪施测地形,每个小组将实地面积为 150 m×150 m 范围内的地物和地貌绘制成1∶500的地形图。

11.2.2　此实习需24～30个课时。

## 11.3　仪器工具

全站仪—1,全站仪脚架—1,棱镜—2,棱镜杆—2,2 m 钢卷尺—1,30 m 皮尺—1,记录板—1,图板—1,图板脚架—1,量角器—1,三棱尺、3H 铅笔、小针—1。

## 11.4　操作说明

11.4.1　控制测量。

(1)平面控制测量。

各小组按照实习指导教师安排的测区布设4个平面控制导线点,具体测量方法可参见本书实习十。

(2)高程控制测量。

采用四等水准测量的方法测出导线点的高程。也可采用三角高程测量的方法,如:假设 $A$ 点高程已知,在 $A$ 点安置全站仪,$B$ 点安置棱镜,则有:

$$h_{AB} = D \cdot \tan\alpha + i_A - v_B \qquad (11-1)$$

式中:$D$ 为 $AB$ 间平距;$\alpha$ 为竖直角;$i_A$ 为 $A$ 点仪器高;$v_B$ 为 $B$ 点棱镜高。

11.4.2　碎部点测量。

(1)全站仪在 $A$ 点对中、整平,用钢卷尺量出仪器高 $i_A$,盘左位置瞄准 $B$ 点的棱镜杆后锁定照准部,将水平读数调为 $0°00'00''$,即 $AB$ 方向为零方向。

(2)跑尺者立棱镜杆于待测地形点上,(通常建议将棱镜高 $v$ 调整为与仪器高 $i$ 相等,即:$v=i$,方便后续计算)。地形点应选在各种地物轮廓点处或地形特征处,如山脊、山谷、山坡坡度变化处、山脚、山顶等不可缺少的地形点。在平坦地区或均匀坡地上选取地形点间隔一般不超过实地 15 m,即图上 3 cm。

(3)观测者松开照准部,瞄准地形点上的棱镜,读取水平角、水平距离和高差。

（4）记录与计算员根据读数利用公式（11-1）计算出该地形点的高程。

（5）绘图员在现场根据记录的水平角、水平距离逐点展绘地物点或地形点。连接地物轮廓点形成地物；地形点高程取两位小数，注记于点位右上方。在绘出一定数量的地形点后，用目估法参照实际地形勾绘出等高线（等高距可取 1 m，具体等高线的勾绘方法详见本书第三部分课堂练习二）。审视实际地形，如果需补测地形点，随即通知观测员进行观测。

（6）仪器在 A 站观测结束时，要检查定向，即重新瞄准 B 点，看水平度盘读数是否仍等于 0°00′00″，其差值通常不得超过 1′。

（7）在 A 站测完碎部点后（包括地形点和地物点），移仪器至 B、C、D 测站，同上述方法，测出 B、C、D 点周围的碎部点。

（8）对于一些不通视的碎部点，可以用皮尺量出尺寸，采用作图法绘出。如果点位较多，也可以采用支点法进行测绘。即在合适地方选取一个支点，同测定碎部点的方法一样在测站上测出该支点的平面位置和高程，将仪器移至该支点作为测站点，而将刚才的测站点作为后视点进行定向，同法观测支点附近的碎部点。

11.4.3　地形图在现场绘出后，回室内进行图的整饰，包括修饰等高线、各点高程及其他注记等，清洁图面。

## 11.5　注意事项

11.5.1　在地形点的观测过程中，建议每测 30～50 个左右地形点后，检查一下定向点方向的读数，以免定向方向偏差较大，产生误差。

11.5.2　搬站前建议认真检查，看有无遗漏的地形点，以免重架仪器，影响进度。

11.5.3　做好组织分工，建议轮流操作，熟悉不同工种的任务。

11.5.4　如果有展点板，也可用全站仪测出碎部点的坐标，在图上直接展绘坐标。

# 12．实习十二　测记法数字测图

## 12.1　实习目的

12.1.1　掌握用全站仪测记法测图的方法与步骤。

12.1.2　掌握在 AutoCAD 环境下经编辑、注记形成数字化地图的方法。

## 12.2　实习内容

12.2.1　每个小组完成一幅实地面积为 150 m×150 m,比例尺为 1∶500 的数字地图。

12.2.2　此实习需 18～24 个课时。

## 12.3　仪器工具

全站仪—1,全站仪脚架—1,反光棱镜—2,棱镜杆—2,2m 钢卷尺—1,30 m 皮尺—1,记录板—1。

## 12.4　操作说明

12.4.1　先进行平面控制测量和高程控制测量。

平面控制测量和高程控制测量的方法及步骤,同实习十一中的控制测量要求。

12.4.2　野外数据的采集,勾绘草图。

(1)对整个测区进行勘察,在草图上勾绘出大致的地物及地貌,并标注出地物类型。

(2)在某控制点上将全站仪对中、整平,用钢卷尺量出仪器高 $i$。

(3)以苏一光的 RTS112 型全站仪为例。开机,按【MENU】键,进入主菜单模式;按【F1】(数据采集)键,进入数据采集流程;按【F2】(列表)键,显示数据文件目录,选择一个数据文件,或者建立一个新文件。在数据采集菜单界面,按【F1】(测站设置)键,输入测站点和定向点的坐标、高程、仪器高和棱镜高等数据后瞄准后视点进行定向,并找另一个控制点进行测站检核,亦可用原后视点进行检核。

(4)碎部点测量时,一位同学观测仪器;两位同学持棱镜充当跑尺员;一位同学充当记录员兼指挥员,按草图指挥跑尺员依次跑点观测,并在草图上标注仪器上所显示的对应点号。观测员可在每个地形点的"属性"一栏依地物类型取不同的字母开头进行标注,如:房屋取 F、道路取 L、河流取 H、地形点取 D 等,以方便检查和后期的绘图。

对于一些不通视的碎部点,可以用皮尺量出尺寸,采用作图法绘出。如果点位较多,也可以采用支点法进行测绘。即在合适地方选取一个支点,同测定碎部点的方法一样在测站上测出该支点的平面位置和高程,将仪器移至该支点作为测站点,而将刚才的测站点作为后视点进行定向,同法观测支点附近的碎部点。

12.4.3 录入内业数据。用通讯线将全站仪和电脑连接后,进入存储管理模式,按【F1】(数据通讯)键,并选择数据传输的格式,按【F1】(发送数据)键,将所需的坐标文件输出至电脑中。

12.4.4 内业数字化成图。在 AutoCAD 环境下,将坐标文件逐一导入,参照草图连线成图。点状或线型符号参照国家测绘总局颁发的《地形图图式》中规定的符号进行描绘。如有成图专用软件亦可采用软件进行编绘、注记。

12.4.5 数字化地图的编绘和检查。对于完成编绘和注记的数字化地图,需到实地对照检查和修改后,方可成为一幅合格的数字化地图。

## 12.5 注意事项

12.5.1 全站仪属高精度贵重仪器,必须保护好。

12.5.2 学有余力的同学可根据指导教师的要求编写成图软件。

12.5.3 如果测区范围内天空开阔、遮挡很少,也可采用 RTK 接收机进行采点。

# 13．实习十三　南方 CASS 测图软件简介

## 13.1　实习目的

13.1.1　了解南方 CASS 测图软件的基本界面。

13.1.2　掌握南方 CASS 测图软件数据传输的方法。

13.1.3　掌握南方 CASS 测图软件绘制地物的方法。

13.1.4　了解南方 CASS 测图软件勾绘等高线图的方法。

## 13.2　实习内容

13.2.1　根据全站仪测记法施测的地形点坐标及草图,将实地面积为 150 m× 150 m 范围内的地物和地貌绘制成 1∶500 的数字地形图。

13.2.2　此实习需 6～12 个课时。

## 13.3　操作说明

通过全站仪或者 RTK 接收机用测记法完成数字测图的外业工作后,通常还需要借助专业的数字测图软件来完成内业工作。目前,国内市场上技术相对比较成熟的数字测图软件有很多,如:清华山维公司软件(清华山维 99 新版)、威远图(SV300 数字化测绘系统)、适普软件有限公司测图软件(VirtuoZo3.5)、广州南方测绘仪器公司的 CASS 测图软件等。本节以目前业内较为常见的南方 CASS 测图软件为例,来介绍数字测图的内业数据处理及绘图工作。

南方 CASS 数字测图软件是一款非常实用的测绘工具,软件可以与 AutoCAD 平台联动使用,为用户提供数字测图、土方计算、断面绘制等多样化的服务和功能。这里主要介绍软件在数字测图方面的应用。

南方 CASS 数字测图软件可以提供"草图法成图""电子平板成图""老图数字化成图"等多种成图的作业模式。"草图法成图"即"测记法成图",利用全站仪或 RTK 接收机采集野外数据的同时绘制草图,再根据草图进行室内成图的作业方法;"电子平板成图"是采用"全站仪＋便携机＋绘图软件"的作业模式,在测定地形碎部点的同时,将点位直接展绘在便携机屏幕上,用软件边测边绘,实现内外业一体化的成图方法(此法对操作绘图软件的熟练程度要求非常高,否则很容易影响测图进度,学生实习通常不建议使用);"老图数字化成图"是指在已有纸质地形图的情况下,把扫描后的栅格地形图绘制成矢量地形图的作业模式。

### 13.3.1　CASS 主界面介绍。

CASS 测图软件的操作界面主要包括:菜单栏、CAD 工具栏、CASS 工具栏、图形编辑区、屏幕菜单栏、命令行和状态栏等,如图 13-1 所示。

菜单栏包括:文件、工具、编辑、显示等多个下拉菜单,通过这些菜单功能,可完成

数字地形图的绘制、编辑、应用、管理等多项操作。CAD 工具栏包括了图层的设置、线型的管理、图形的平移等常用绘图功能。CASS 工具栏包括了实体编码的查看、文字注记、常见地物的绘制等。

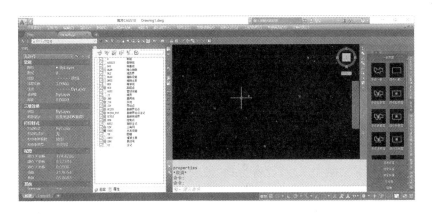

图 13-1　CASS 软件操作界面

13.3.2　数据传输。

用数据传输线将全站仪和计算机进行硬件连接,执行 CASS 软件中【数据】菜单下的【读取全站仪数据】的命令,按照全站仪说明书的要求设置通讯参数(通讯口、波特率、校验、数据位、停止位)等,选择外业数据拟保存的文件夹进行文件传输。

13.3.3　平面图的绘制。

CASS 软件提供了简编码自动成图、编码引导自动成图、点号定位成图和坐标定位成图等几种成图方式,按照自己拟采用的成图方式需要,执行【绘图处理】下拉菜单中的对应菜单,按照系统提示,将外业测得的点位展在屏幕上。地物要素通常分为11 类,如文字注记、控制点、地籍信息、居民地等,对照外业绘制的草图,选择相应的地物符号,分别绘制各类地物。

13.3.4　地物编辑、注记。

对照草图,对围墙、陡坎等复杂地物的符号进行编辑、修改;对各类道路、水系等进行文字注记等。

13.3.5　等高线的绘制。

一幅完整的地形图,除需准确表示出各类地物外,还需要表达出实际的地形起伏。执行【等高线】菜单下的【由数据文件建立 DTM】命令,构建数字地面模型三角网;对照实际地貌,进行合适的三角网的删除、过滤和修改,使自动生成的 DTM 尽量与实际地貌一致;检查合适后进行等高线的绘制、编辑、存盘。

13.3.6　数字地形图的整饰和输出。

根据图形数据文件,进行图形的分幅、目录名的输入;输入图名、接图表、绘图员、执行图式、坐标系高程基准等信息。

数字地形图绘制完成后,根据需要,可用绘图仪、打印机等设备输出。

## 13.4 注意事项

13.4.1 数据传输或绘图过程中,应注意及时保存和备份,以防数据损坏或丢失。

13.4.2 草图绘制和电脑绘图尽量是同一个人,尽量当天测、当晚绘,以防遗忘。

13.4.3 尽量按照外业观测顺序进行内业绘图,先绘地物再绘等高线。

13.4.4 绘制不同地物时,按其属性,放入相应图层,方便绘制、管理和检查。

13.4.5 对于有方向性的线形地物,注意画图时点的选取顺序,以保证方向正确;对于面状的地物,注意区域的闭合性和填充符号的正确性;注意独立地物、地物注记等的方向;各类符号不得相互叠压。

13.4.6 地图绘制完成后,检查地物、地貌有无遗漏;注意各种注记是否齐全;有无明显图面错误等。

13.4.7 如果不同组之间的图需要拼接,注意拼图误差要在规定的允许误差范围之内,超过限差需到实地进行检查或重测。

# 14．实习十四　虚拟仿真测图简介

## 14.1　实习目的

14.1.1　了解虚拟仿真测图的基本概念。

14.1.2　掌握通过虚拟仿真测图软件进行地形点测量的方法。

## 14.2　实习内容

14.2.1　通过虚拟仿真测图软件,将虚拟仿真环境内的地物和地貌绘制成地形图。

14.2.2　此实习需 12～24 个课时。

## 14.3　操作说明

虚拟仿真数字测图软件是由广州南方测绘仪器有限公司开发,安装在 PC 端的软件。学生和相关从业人员可借助该系统进行虚拟的全站仪或 GNSS 接收机操作,获取虚拟数据并进行后续软件处理和算法验证等,以实现实习实践或自主学习的目的。目前,除虚拟仿真数字测图软件,南方公司还研发了数字水准仪、二等水准测量、无人机摄影测量、三维激光扫描等多个虚拟仿真实验软件。

14.3.1　原理及特点。

软件通过虚拟仿真技术,采用三维建模软件,将全站仪从各个系统、零部件结构、模拟操作环境进行等比例真实还原,实现了在虚拟环境中通过鼠标/键盘的操作来控制全站仪操作的目的。它打破了现有仪器操控学习中受限于场地、天气、时间等因素的状况,让学生能够安全、迅速、便捷地进行全站仪操控模拟训练和学习。虚拟仿真技术具有沉浸性、交互性、扩展性等特性。软件采用前向渲染、支持高质量的光照功能、多采样抗锯齿(MSAA)以及实例化双目绘制(Instanced Stereo Rendering),来实现电影工业级真实画面效果,且包含细节来呈现出真实、流畅的 3D 沉浸式画面,使学生感受到逼真的操控环境。

14.3.2　软件介绍。

(1)主界面认识。

软件主界面分为五个部分:认知/操作、场景/实训、启动、设置和关闭软件,如图 14-1 所示。在主界面中可进行模式选择:鼠标左键点击【认知/操作】或【场景/实训】即可进入相应的虚拟环境。

图 14 - 1　虚拟仿真数字测图软件主界面

（2）认知操作。

进入认知/操作虚拟环境后，可以通过界面左侧的菜单，选取拟采用的仪器或设备，进行测量操作。

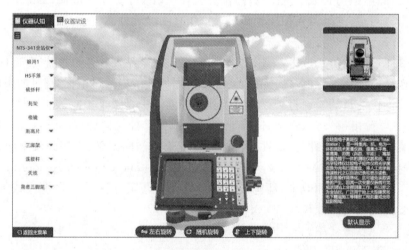

图 14 - 2　虚拟南方 NTS - 340 系列全站仪

如图 14 - 2 所示，虚拟的全站仪外形尺寸与南方 NTS - 340 系列全站仪完全相同，并拥有高度逼真的外观。主要部件有瞄准器、目镜、物镜、管水准器、圆水准器、电池、液晶显示屏、基座、螺旋。根据屏幕下方的提示按钮，用左键单击对仪器进行操作；也可在仪器上按住鼠标左键自由拖动，对设备的细节进行全方位了解。

图 14-3 虚拟"南方银河 1"RTK

如图 14-3 所示,虚拟的 GNSS 接收机外形尺寸与真实"南方银河 1"RTK 测量系列相同,并拥有高度逼真的外观。RTK 主要部件包括:天线、七针接口、UHF、GPRS 天线接口、碳纤杆、防护圈及量取仪器高部位等。手簿主要部件包括:按键板、液晶屏、电池、摄像头等。其外壳、支架体现出相应材料的质感,即外壳和支架有金属质感。

(3)仪器架设。

仪器架设有四种模式可选择:NTS-341 型全站仪、RTK 基准站架设、RTK 移动站架设、棱镜高仪器高。

全站仪的架设过程如图 14-4 所示。通过鼠标进行对中、粗平、精平、精对中、再精平、后视检查等几步操作。以对中为例:在测站控制点的正上方,将三脚架伸到适当高度,确保三条腿等长、打开,使三脚架顶面近似水平;将仪器小心地安置到三脚架上,拧紧中心连接螺旋;按电源键开启全站仪,确认显示窗清晰,全站仪有足够的电量;使光学对中器对准测站点。具体操作:点击全站仪对中→鼠标移动到需要调整的脚架根据位置按住鼠标左键或右键进行调整→提示对中成功后完成此步骤。

图 14-4 全站仪的架设

（4）场景实训。

在构建的虚拟三维外业环境中,利用虚拟仿真技术构建的全站仪、RTK 接收机,可以进行数据采集作业和数据处理等虚拟仿真操作的全过程。

以数字测图为例,可以依次进行控制点采集、后视检查、碎部点采集等过程。具体数字测图过程可参考实习十二。

（5）虚拟数据的导入、导出。

（6）CASS 软件成图。具体操作过程可参考实习十三。

软件还具备智能考核的功能:软件设置了闯关功能,对学生的每一步操作的正确性、规范性进行自动记录、评估、计分,并输出和提交详细的考核记录单。无限接近真实操作。

## 14.4 注意事项

14.4.1 各高校可联系南方测绘当地分公司,申请虚拟仿真软件的试用版。

14.4.2 虚拟仿真软件如出现加载时间过长或不通过的情况时,请用右键"以管理员方式运行"或者按照安装步骤重新安装虚拟仿真软件即可。

14.4.3 数据传输或绘图过程中,要养成正确的操作习惯,注意及时保存和备份,以防数据损坏或丢失。

# 15. 实习十五　解析法测定建筑物高度

## 15.1　实习目的

15.1.1　理解解析法测定建筑物高度的基本原理。

15.1.2　掌握解析法测定建筑物高度的各项步骤和方法,并利用观测数据计算出建筑物高度。

## 15.2　实习内容

15.2.1　综合利用各种测量技术,如:水准测量、水平角观测、竖直角观测和钢尺量距,测定出某一建筑物的高度。

15.2.2　此实习需 3～4 个课时。

## 15.3　仪器工具

DJ$_6$ 型光学经纬仪—1,经纬仪脚架—1,30 m(或 50 m)钢尺—1,测钎—1 串(10根),花杆—2,花杆架—1,木桩—2,锤—1,DS$_3$ 型水准仪—1,水准仪脚架—1,水准尺(2 m 或 3 m)—2,尺垫—2,记录板—1。

## 15.4　操作说明

15.4.1　敷设和丈量基线。

在距建筑物高度两倍以上的平坦地面上设置基线 $AB$,$AB$ 长度应为建筑高度的 2～3 倍,且使交会图形 $ABC$ 接近正三角形,如图 15-1 所示。

本次实习 $AB$ 长度不短于 80 m,用钢尺往返丈量,其精度不低于 1/3 000。

15.4.2　观测水平角与竖直角。

(1) 在 $A$ 与 $B$ 分别安置经纬仪,对中、安平后,量仪器高 $i_1$ 与 $i_2$。

(2) 用测回法观测水平角 $\beta_1$ 和 $\beta_2$。

(3) 用测回法观测竖直角 $\alpha_1$ 和 $\alpha_2$。

15.4.3　测定基线两端点和建筑物底部的高程。

从已知高程的水准点出发,用水准仪测定基线两端点 $A$ 与 $B$ 及待测建筑物底部 ±0 处的高程。

15.4.4　成果检核和整理。

检查观测记录,水平角两个半测回角值之差应小于 40″,两次观测所得竖盘指标差之差不大于 25″。

## 15.5　记录举例

15.5.1　水平角和竖直角观测记录举例见表 15-1。

**表15-1 水平角和竖直角观测**

| 测站 | 目标 | 竖盘 | 水平读数 (° ′) | 水平角 (° ′) | 平均水平角 (° ′ ″) | 竖盘读数 (° ′) | 竖直角 (° ′) | 平均竖直角 (° ′ ″) | 水平距离 $D$ (m) |
|---|---|---|---|---|---|---|---|---|---|
| $A$ | $C$ | $L$ | 0°02′.1 | 90°39′.1 | 90°39′12″ | 77°34′.5 | 12°25′.5 | 12°25′36″ ($i_1$=1.580) ($x$=+6″) | 基线:$AB$ |
| | $B$ | | 90°41′.2 | | | | | | |
| | $C$ | $R$ | 180°02′.0 | 90°39′.3 | | 282°25′.7 | 12°25′.7 | | |
| | $B$ | | 270°41′.3 | | | | | | 往:69.248 |
| $B$ | $A$ | $L$ | 0°03′.0 | 64°15′.9 | 64°16′00″ | 78°42′.5 | 11°17′.5 | 11°17′18″ ($i_2$=1.548) ($x$=−12″) | 返:69.258 |
| | $C$ | | 64°18′.9 | | | | | | |
| | $A$ | $R$ | 180°03′.1 | 64°16′.1 | | 281°17′.1 | 11°17′.1 | | |
| | $C$ | | 244°19′.2 | | | | | | |

15.5.2 基线两端点和建筑物底部的高程测量记录举例见表15-2。

**表15-2 基线两端点和建筑物底部的高程测量**

| 测点 | 水准尺读数 | | 高差 $h$(m) | 高程 $H$(m) | 备注 |
|---|---|---|---|---|---|
| | 后视 | 前视 | | | |
| BM1 | 1 732 | | | 37.922 | 37.922 |
| $A$ | 1 487 | 1 684 | +0.048 | 37.970 | 37.970 |
| $B$ | 1 425 | 1 654 | −0.167 | 37.803 | 37.802 |
| 底 | 1 209 | 1 318 | +0.107 | 37.910 | 37.908 |
| $B$ | 1 672 | 1 314 | −0.105 | 37.805 | |
| $A$ | 1 534 | 1 503 | +0.169 | 37.974 | |
| BM1 | | 1 582 | −0.048 | 37.926 | |

15.5.3 解析法测定建筑物高度计算举例见表15-3。

**表15-3 解析法测定建筑物高度计算手簿**

| | | | |
|---|---|---|---|
| $\beta_1$ | 90°39′12″ | $\beta_2$ | 64°16′00″ |
| $\alpha_1$ | 12°25′36″ | $\alpha_2$ | 11°17′18″ |
| $i_1$ | 1.580 m | $i_2$ | 1.548 m |
| $H_A$ | 37.970 m | $H_B$ | 37.802 m |
| 基线 $D_{AB}$=69.253 m | | | |

| | | | |
|---|---|---|---|
| $\sin\beta_1$ | 0.999 935 | $D_1 = D\dfrac{\sin\beta_1}{\sin(\beta_1+\beta_2)}$ | 163.367 m |
| $\sin\beta_2$ | 0.900 825 | $D_2 = D\dfrac{\sin\beta_2}{\sin(\beta_1+\beta_2)}$ | 147.175 m |
| $\sin(\beta_1+\beta_2)$ | 0.423 883 | $h_1 = D_2\tan\alpha_1$ | 32.430 m |
| $\tan\alpha_1$ | 0.220 352 | $H_A$ | 37.970 m |
| $\tan\alpha_2$ | 0.199 608 | $i_1$ | 1.580 m |
| 图 15-1　解析法测定建筑物高度 | | $H_C{'} = H_A + i_1 + h_1$ | 71.980 m |
| | | $h_2 = D_1\tan\alpha_2$ | 32.609 m |
| | | $H_B$ | 37.802 m |
| | | $i_2$ | 1.548 m |
| | | $H_C{''} = H_B + i_2 + h_2$ | 71.959 m |
| | | $H_C = (H_C{'} + H_C{''})/2$ | 71.970 m |
| | | $H_底$ | 37.908 |
| | | $H$ | 34.062 m |

## 15.6　注意事项

15.6.1　外业观测数据一定要准确、可靠。

15.6.2　明确观测程序,做好组织分工。

15.6.3　计算时须注意:三角函数值取到小数点后面六位;距离、高度值取到mm 位。

# 16. 实习十六　道路纵、横断面测量

## 16.1　实习目的

16.1.1　明确在建立高程控制点基础上进行纵、横断面测量的实施步骤和要求。

16.1.2　掌握观测数据处理方法,了解在毫米方格纸上绘制纵、横断面图的方法和要求。

## 16.2　实习内容

16.2.1　基平测量:高程控制测量。

16.2.2　中平测量(纵断面测量):$K0+000 \sim K0+700$,每 20 m 一个桩,共约 40 个桩。

16.2.3　横断面测量:任选其中 6 个具有典型地形特征的断面进行施测,左、右断面各测 20 m 宽。

16.2.4　此实习需 12~16 个课时。

## 16.3　仪器工具

$DS_3$ 型水准仪—1,水准仪脚架—1,水准尺(3 m)—2,尺垫—2,记录板—1,30 m 皮尺—1,花杆—1。

## 16.4　操作说明

16.4.1　基平测量。

由已知水准点 BMA 出发,采用四等水准测量的方法依次测出待测高程控制点 BM101、BM102、BM103、BM104 的高程,详见本书实习三。

16.4.2　中平测量。

具体桩号可由实习指导教师先行在测区内画好 $K0+000 \sim K0+700$ 线路中每 20 m 一个桩号;或由学生按要求先设计好初步线路方案进行测设,用红油漆、木桩等将 $K0+000 \sim K0+700$ 线路中所需桩号测设出来后,再进行中平测量。

测量时,如图 16-1 所示,仪器安置在 I 处,由水准点 BM101 将高程传递至前视点 TP1。再用仪高法水准测量读出各里程桩号的读数,如:$K0+000,K0+020,K0+040,\cdots,K0+140$,这些点上的读数称为间视(或中视);再将仪器安置在 II 处,以 TP1 为后视,TP2 为前视,而 $K0+160,K0+180,\cdots,K0+300$ 为间视,同法向前施测,最后附合至前方水准点 BM102。同法继续向前施测,直至完成整条路线的纵断面测量。

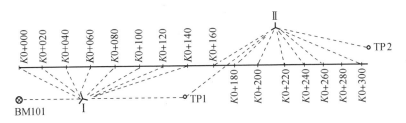

图 16 - 1　中平测量(纵断面测量)

16.4.3　横断面测量。

在中线上若干地形变化较明显处用比杆法施测 6 个桩号的横断面。用皮尺拉平读出平距,读至 0.1 m;用花杆比出高差,估读至 0.05 m。如图 16 - 2 所示为桩号 $K0+240$ 的横断面测量图,其测量数据记录格式见表 16 - 2。

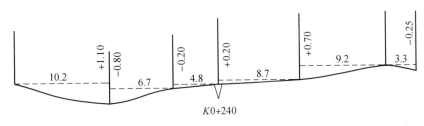

图 16 - 2　比杆法横断面测量

16.4.4　观测数据的整理。

(1) 根据 BMA 的高程,按四等水准测量要求分别算出 BM101、BM102、BM103、BM104 的高程。

(2) 纵断面水准测量是附合在两个水准点间的附合水准路线,按附合水准路线计算高差闭合差。$f_{h容}$ 的计算参见公式(2 - 2)、(2 - 3)。

(3) 用高差法计算各转点高程;用仪高法计算其余各桩号(间视点)的高程。

(4) 在毫米方格纸上绘出纵、横断面图。其中,纵断面图的平距比例尺按 1∶2 000,高程比例尺按 1∶200 进行绘制;横断面图的平距比例尺按 1∶500,高程比例尺按 1∶200 进行绘制。

## 16.5　记录举例

16.5.1　纵断面测量记录举例见表 16 - 1。

表 16－1  纵断面测量记录

| 水准点 | 桩号 | 水准尺读数 | | | 高 差 (m) | 视线高 (m) | 高 程 (m) |
|---|---|---|---|---|---|---|---|
| | | 后视 | 间视 | 前视 | | | |
| BM101 | | 2 205 | | | | 45.881 | 43.676 |
| | K0＋000 | | 2 010 | | | | 43.87 |
| | K0＋020 | | 1 980 | | | | 43.90 |
| | K0＋040 | | 1 900 | | | | 43.98 |
| | K0＋060 | | 1 810 | | | | 44.07 |
| | K0＋080 | | 1 890 | | | | 43.99 |
| | K0＋100 | | 1 660 | | | | 44.22 |
| | K0＋120 | | 1 410 | | | | 44.47 |
| | K0＋140 | | 1 070 | | | | 44.81 |
| TP1 | | 2 149 | | 0 844 | 1.361 | 47.186 | 45.037 |
| | K0＋160 | | 2 390 | | | | 44.80 |
| | K0＋180 | | 2 240 | | | | 44.95 |
| | K0＋200 | | 1 930 | | | | 45.26 |
| | K0＋220 | | 1 650 | | | | 45.54 |
| | K0＋240 | | 1 530 | | | | 45.66 |
| | K0＋260 | | 1 420 | | | | 45.77 |
| | K0＋280 | | 1 150 | | | | 46.04 |
| | K0＋300 | | 0 980 | | | | 46.21 |
| TP2 | | | | 0 794 | 1.355 | | 46.392 |

16.5.2  横断面测量记录举例见表 16－2。

表 16－2  横断面测量记录

| 左断面 | 桩号 | 右断面 |
|---|---|---|
| $\dfrac{+0.30}{5.5}, \dfrac{-0.90}{6.9}, \dfrac{-0.65}{10.6}$ | K0＋600 | $\dfrac{+1.65}{4.2}, \dfrac{-0.40}{9.7}, \dfrac{+2.20}{2.1}, \dfrac{+0.20}{6.00}$ |
| $\dfrac{+1.10}{10.2}, \dfrac{-0.80}{6.7}, \dfrac{-0.20}{4.8}$ | K0＋240 | $\dfrac{+0.20}{8.7}, \dfrac{+0.70}{9.2}, \dfrac{-0.25}{3.3}$ |

## 16.6 注意事项

16.6.1 四等水准测量数据整理时,将同一测段往返高差取平均,推算出各水准点的高程。

16.6.2 纵断面测量时,间视点读数读到 cm 位即可。

16.6.3 纵断面测量时,每到一个水准点时必须附合到水准点上进行检核。

16.6.4 横断面测量记录时,将小的桩号写在表格下方,由下往上记录,以方便检查路线的左右断面是否与所测数据相符,不可将路线的左右断面弄反。

16.6.5 横断面测量时,表 16-2 中所记平距和高差是相邻变坡点间的平距和高差,而不是各点到路中心点处的累计数据。

# 17．实习十七　极坐标法放样点位

## 17.1　实习目的

17.1.1　掌握利用坐标反算求取测设数据的方法。

17.1.2　掌握极坐标法测设点位的过程。

## 17.2　实习内容

17.2.1　利用极坐标法放样点位,放样数据参见本书《土木工程测量》习题集9.8题。

17.2.2　此实习需2～3个课时。

## 17.3　仪器工具

全站仪—1,全站仪脚架—1,棱镜—1,棱镜杆—1,小木桩—4,锤—1,小钉—若干。

## 17.4　计算举例

如图17-1所示,$D_{14}$、$D_{15}$、$D_{16}$和$D_{17}$是路线导线测量控制点,其中$D_{15}$、$D_{16}$点的坐标分别为:$x_{15}=735.18$ m、$y_{15}=315.03$ m;$x_{16}=800.08$ m、$y_{16}=330.38$ m。现准备在$D_{15}$点架设仪器,用$D_{16}$点定向,采用极坐标法来放样圆曲线主点$ZY$、$QZ$和$YZ$。圆曲线已知参数为:$JD_4$坐标 $x_4=767.95$ m、$y_4=292.09$ m,切线方向($ZY$—$JD_4$)的方位角$\alpha_T=45°$,转角$\alpha=16°$,圆半径$R=600$ m。

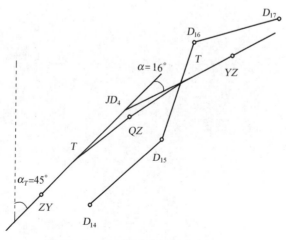

图 17-1　极坐标法放样圆曲线主点

(1) 请计算 $ZY$、$QZ$ 和 $YZ$ 三点的坐标。

(2) 利用坐标反算求取各点测设数据。

(3) 简述测设过程。

17.4.1 坐标值计算。

计算思路:先计算出圆曲线切线长 $T$ 和外矢距 $E$,再计算出 $JD_4$ 到 $ZY$、$QZ$ 和 $YZ$ 三点的三个方向的方位角,利用坐标正算公式很容易求得直圆点 $ZY$(记为 1 号点),曲中点 $QZ$(记为 2 号点) 和圆直点 $YZ$(记为 3 号点) 的坐标为

$$\begin{cases} x_1 = 708.32 \text{ m} \\ y_1 = 232.46 \text{ m} \end{cases} \begin{cases} x_2 = 763.24 \text{ m} \\ y_2 = 295.64 \text{ m} \end{cases} \begin{cases} x_3 = 808.83 \text{ m} \\ y_3 = 365.84 \text{ m} \end{cases}$$

请读者自行验算一遍。

17.4.2 求取测设数据。

(1) 坐标反算。

如 $D_{15}$、$D_{16}$ 两点的坐标已知,可求取两点间的水平距离 $D_{15-16}$ 和方位角 $\alpha_{15-16}$。

$$\begin{cases} D_{15-16} = \sqrt{\Delta x^2 + \Delta y^2} = 66.691 \text{ m} \\ \alpha_{15-16} = \arctan \dfrac{y_{16} - y_{15}}{x_{16} - x_{15}} = 13°18'25'' \end{cases}$$

(注意:计算方位角时要注意角度的象限,详细的解算过程可参见本书第三部分课堂练习三 31.3.7。)

同上,分别计算出下列数值:

$$\begin{cases} D_{15-1} = 86.829 \text{ m} \\ \alpha_{15-1} = 251°58'49'' \end{cases}$$

$$\begin{cases} D_{15-2} = 34.108 \text{ m} \\ \alpha_{15-2} = 325°21'17'' \end{cases}$$

$$\begin{cases} D_{15-3} = 89.476 \text{ m} \\ \alpha_{15-3} = 34°36'04'' \end{cases}$$

(2) 测设数据分别按以下公式计算得出:

$$\begin{cases} \beta_1 = \alpha_{15-1} - \alpha_{15-16} = 238°40'24'' \\ D_1 = D_{15-1} = 86.829 \text{ m} \end{cases}$$

$$\begin{cases} \beta_2 = \alpha_{15-2} - \alpha_{15-16} = 312°02'52'' \\ D_2 = D_{15-2} = 34.108 \text{ m} \end{cases}$$

$$\begin{cases} \beta_3 = \alpha_{15-3} - \alpha_{15-16} = 21°17'39'' \\ D_3 = D_{15-3} = 89.476 \text{ m} \end{cases}$$

17.4.3 测设过程。

(1) 在 $D_{15}$ 点安置全站仪(对中、整平)。

(2) 定向:瞄准 $D_{16}$ 点,将水平度盘读数置零:$0°00'00''$。

（3）顺时针旋转照准部，在水平度盘读数为 $\beta_1$ 的方向上停下来，指挥棱镜左右移动，至望远镜竖丝方向停下；读取棱镜距离，指挥棱镜前后移动，至距离为 $D_1$ 时停下，所得点位打下木桩、钉上小钉，即为 $ZY$ 点。

（4）同理，利用 $(\beta_2, D_2)$ 可放样出 $QZ$ 点，利用 $(\beta_3, D_3)$ 可放样出 $YZ$ 点。

### 17.5　注意事项

17.5.1　如果要放样圆曲线副点，方法相同。首先把曲线副点的坐标计算出来，然后按上述同样的计算方法算出每个副点的测设数据 $(\beta_i, D_i)$。

17.5.2　大多全站仪自带放样程序，按程序要求在控制点 $A$ 设站，输入测站点、定向点及放样点坐标，瞄准定向点 $B$ 进行拨零，可自动计算出放样角度和放样距离，按程序指示进行操作即可。

17.5.3　如果自行计算放样数据，计算方位角时须注意所在象限；计算测设数据 $\beta$ 时须用放样边方位角减去定向边方位角，否则会将点位放错。

# 18．实习十八　小型建筑物放样

## 18.1　实习目的

18.1.1　了解一般房屋放样的工作步骤与组织分工。

18.1.2　掌握距离测设、角度测设与高程测设的方法。

## 18.2　实习内容

18.2.1　按图 18‐1 设计房屋尺寸(每个小组选取其中一幢),在场地上进行定位放样。

18.2.2　设置轴线桩。

18.2.3　根据场地上水准点的高程在轴线桩上标出±0 标高线(设计±0 标高为 9.500 m)。

18.2.4　此实习需 4 个课时。

## 18.3　仪器工具

全站仪—1,全站仪脚架—1,棱镜—1,棱镜杆—1,测钎—1 根,测钎架—1 个,30 m 钢尺—1,小木桩—4,大木桩—8,锤—1,小钉—若干,尼龙线—1 卷,DS$_3$ 型水准仪—1,水准仪脚架—1,水准尺(2 m)—1,记录板—2。

## 18.4　操作说明

18.4.1　如图 18‐1 所示,各组根据指定的设计房屋进行放样。按具体情况利用原有建筑物进行房屋定位。用全站仪测设角度,读取测设距离。

18.4.2　房屋定位后,在桩外约 2 m 处设置轴线桩,用全站仪把房屋的轴线引测到轴线桩上,各钉一小钉。

18.4.3　根据已知水准点,用水准仪将 9.500 m 标高引测到轴线桩上。

18.4.4　现以第 6 幢房屋放样为例,如图 18‐2 所示,介绍放样过程。

(1)电机厂北墙延长线上用花杆定一直线。在直线上紧贴墙面用钢尺丈量 15 m 和 12 m,得 A 和 B,分别钉一木桩,在桩顶钉以小钉作为标志。

(2)将仪器安置在 A 点,以 AB 为基准方向,分别在 AB 两端外 2 m 处钉设轴线桩;顺转 90°,沿此方向量取 30 m 定 D 点,打桩钉小钉,在 AD 两端外 2 m 处钉设轴线桩,在各轴线桩上钉以小钉标志轴线。

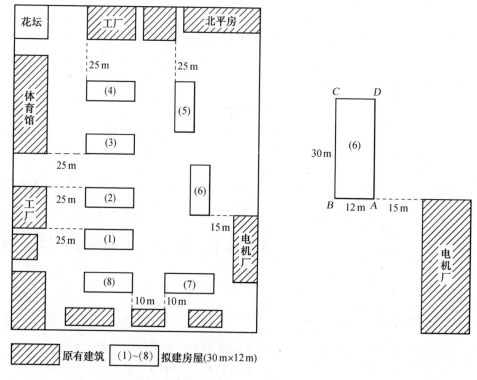

图 18-1    建筑物放样                     图 18-2    放样详图

（3）将仪器移置 D 点，以 DA 为基准方向，测设 90° 角，量 12 m 定 C 点，打桩钉小钉。

（4）将仪器移置 C 点，测量 C 角，检查是否为 90°，容许偏差为 ±1′。在 CB、CD 两直线各端点外 2 m 处设置轴线桩，并钉以小钉标志轴线。

（5）用尼龙线将各对应点连接起来，即得房屋各轴线。

（6）在 C 点及 B 点处的尼龙线交点上量取 CB 长度，以资检核放样结果，并以垂球检核各尼龙线的交点是否与桩点重合。

（7）根据已知水准点用水准仪将 ±0 标高 9.500 m 测设到各轴线桩上。

## 18.5    注意事项

18.5.1    做好组织分工，不要慌乱，注意配合。

18.5.2    放样完成后要注意检核。

# 19．实习十九　单圆曲线测设(偏角法、直角坐标法)

### 19.1　实习目的

19.1.1　掌握单圆曲线主点的测设方法。

19.1.2　掌握用偏角法和直角坐标法放样单圆曲线测设数据的计算方法。

19.1.3　练习用偏角法测设单圆曲线副点,并用直角坐标法进行检核。

### 19.2　实习内容

19.2.1　利用偏角法放样一段单圆曲线,并用直角坐标法进行检核。测设数据参见本书《土木工程测量》习题集11.2,测设数据的计算方法参见本书课堂练习四。

19.2.2　此实习需4个课时。

### 19.3　仪器工具

全站仪—1,全站仪脚架—1,棱镜—1,棱镜杆—1,30 m 钢尺—1,小木桩—4,锤—1,小钉—若干,小测钎—1 串(10 根),方向架—1,背包—1,记录板—1。

### 19.4　操作说明

19.4.1　主点的测设。

(1) 如图 19-1 所示,在施测地区选择适当位置钉一木桩,作为路线的切线交点 $JD$。安置全站仪,对中、安平。

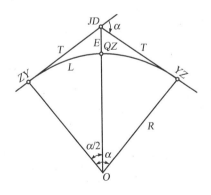

图 19-1　单圆曲线测设

(2)定 $ZY$ 点。选定适当方向作为曲线 $ZY$ 点的切线方向,自 $JD$ 起量切线长 $T$,定出曲线起点 $ZY$,钉木桩。盘左位置瞄准 $ZY$ 点,将水平度盘置零:0°00′00″。

(3)定 $YZ$ 点。倒转望远镜,使仪器换成盘右位置,松开水平制动螺旋,旋转照准部使水平度盘读数等于外偏角 $\alpha$,定出另一切线方向,量切线长 $T$,定出曲线终点

$YZ$,钉下木桩。

(4)定$QZ$点。顺转望远镜,使水平盘读数指在$\frac{1}{2}(\alpha+180°)$的数值上,定出分角线方向,量外矢矩$E$定出曲线中点$QZ$,钉下木桩。

19.4.2 用偏角法测设曲线副点。

(1)如图19-2所示,将仪器移置于$ZY$点。盘左位置用望远镜瞄准$JD$,将水平度盘置零:0°00′00″。

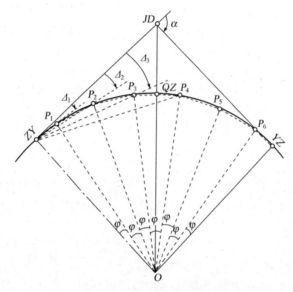

图19-2 偏角法测设曲线副点

(2)检查:瞄准$QZ$点,其水平度盘读数应为$\alpha/4$;瞄准$YZ$点,其水平度盘读数应为$\alpha/2$,误差应在±1′以内。若超限,仪器应重新移至$JD$处,重新测设圆曲线主点。

(3)旋转仪器,使度盘读数为第一副点的偏角$\Delta$,左右移动棱镜杆使其对准望远镜的视线,读取距离,前后移动棱镜杆至距离正好为单位弦长$c$处停下,所得点位即为曲线第一副点,以测钎标志之。(注:本次实习的单位弧长取10 m,则单位弦长$c$近似为10 m。)

(3)转动照准部使度盘读数为第二点的偏角$2\Delta$,左右移动棱镜杆使其对准望远镜的视线,读取距离,前后移动棱镜杆至距离正好为单位弦长$c$处停下,所得点位即为曲线第二副点,以测钎标志之。以后各点,可依此类推。

(4)检查:继续进行以后各桩点的测设工作,按上法测至$YZ$点,检查分弦长度是否与计算值相符,其误差应小于$\frac{1}{1\,000}$,即$\frac{分弦之差}{曲线总长}<\frac{1}{1\,000}$,若误差超限,则应分析原因,重新测设。

19.4.3   直角坐标法检测曲线副点。

（1）如图 19-3 所示，自 $ZY$ 起沿切线方向用钢尺量出 $x_1,x_2\cdots$ 诸点，定出各副点在 $X$ 轴上的垂足，在各点上插上测钎。

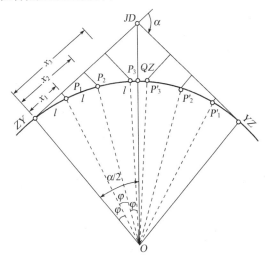

图 19-3   直角坐标法检测曲线副点

（2）用方向架在各垂足点上作切线的垂线，沿垂线方向量取 $y_1,y_2\cdots$，测设出曲线上各副点，在 $ZY$ 与 $QZ$ 之间所定点位应与偏角法所定点位一致。

（3）位于 $QZ$ 和 $YZ$ 之间的副点，在用直角坐标法放样时，应由 $YZ$ 点沿切线方向向 $QZ$ 点定点，如图 19-3 所示。

### 19.5   注意事项

19.5.1   做好组织分工，注意配合。

19.5.2   拨角时要注意正拨和反拨的区别。

19.5.3   全站仪有自带放样功能的，可按程序要求在 $ZY$ 点设站，瞄准 $JD$ 点进行定向拨零，按自动计算出来的各细部点的放样角度和放样距离进行实际放样。

# 20. 实习二十　缓和曲线测设(偏角法、直角坐标法)

### 20.1　实习目的

20.1.1　掌握缓和曲线主点的测设方法。

20.1.2　掌握用偏角法和直角坐标法放样缓和曲线测设数据的计算方法。

20.1.3　练习用偏角法测设缓和曲线副点,并用直角坐标法进行检核。

### 20.2　实习内容

20.2.1　利用偏角法放样一段缓和曲线,并用直角坐标法进行检核。测设数据参见本书《土木工程测量》习题集11.5,测设数据的计算方法参见本书课堂练习五。

20.2.2　此实习需4个课时。

### 20.3　仪器工具

全站仪—1,全站仪脚架—1,棱镜—1,棱镜杆—1,30 m钢尺—1,小木桩—4,锤—1,小钉—若干,小测钎—1串(10根),方向架—1,记录板—1。

### 20.4　操作说明

20.4.1　缓和曲线主点的测设。

(1)定ZH及HZ点。如图20-1所示,同单圆曲线测设法一样,先选定交点JD,自JD沿后切线方向丈量$T_H$,即可定出ZH点,沿前切线方向丈量$T_H$,定出HZ点。

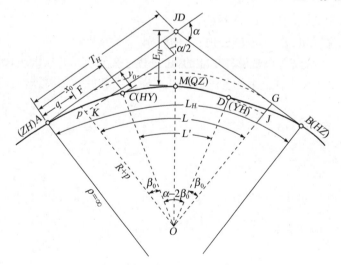

图 20-1　缓和曲线测设

（2）定 $HY$ 及 $YH$ 点。自 $JD$ 点沿后切线方向丈量（$T_H - x_0$）之距离,再作垂距量取 $y_0$,即可定出 $HY$ 点,沿前切线方向按同法可定出 $YH$ 点。

（3）定 $QZ$ 点。由 $JD$ 点作转折角的分角线,量取 $E_H$ 的长度,即可定得 $QZ$ 点。

20.4.2　用偏角法测设缓和曲线上各副点。

（1）测设缓和曲线上各副点。将仪器安置于 $ZH$（及 $HZ$）点,用 $\delta_1, C_1; \delta_2, C_2; \cdots$ 定出缓和曲线上各副点,直至 $HY$（或 $YH$）点。方法同单圆曲线偏角法测设。

（2）测设圆曲线上各副点。将仪器安置于 $HY$（或 $YH$）点,将照准部反转,置盘右位置时,望远镜瞄准 $ZH$ 点,置水平度盘读数为（$360° - 2\delta_0$）（瞄准 $HZ$ 点则拨至 $2\delta_0$）,倒转望远镜成盘左位置,松照准部转至水平度盘读数为 $0°00'00''$ 处,此时视线便处于 $HY$（或 $YH$）点的切线上,用偏角法定出自 $HY$ 至 $YH$（或 $YH$ 至 $HY$）全部单圆曲线上各副点,方法同单圆曲线偏角法测设。

（3）当由 $ZH$ 测至 $HY$ 点、$HY$ 点测至 $YH$ 点,或由 $HZ$ 点测到 $YH$ 点时,应检查距离相对闭合差与方向偏差是否符合精度要求:距离相对闭合误差应小于 $1/1\,000$,方向偏差不得超过 $1'$。如果不符合精度要求,应检查原因,重新测设。

20.4.3　用直角坐标法检测缓和曲线上各副点,方法同单圆曲线测设法。

## 20.5　注意事项

20.5.1　做好组织分工,注意配合。

20.5.2　拨角时要注意正拨和反拨的区别。

20.5.3　全站仪有自带放样功能的,可按程序要求在 $ZH$ 点设站,瞄准 $JD$ 点进行定向拨零,按自动计算出来的各细部点的放样角度和放样距离进行实际放样。

# 21. 实习二十一 精密水准仪的使用练习

### 21.1 实习目的

21.1.1 认识精密水准仪(NI007型、N3型、NA2型、B2C型等)的构造。

21.1.2 认识精密水准尺。

21.1.3 熟悉精密水准仪读数方法和扶尺的要求。

### 21.2 实习内容

21.2.1 认识精密水准仪和精密水准尺。精密水准仪主要有两个重要部件:一是读数测微器,二是楔形十字丝。精密水准尺为锢钢制成,尺上有两组分划注记:基尺分划和辅尺分划注记。练习使用精密水准仪并掌握读数方法。

21.2.2 用精密水准仪测定两点间的高差。每位同学观测2组高差。

21.2.3 此实习需3~4个课时。

### 21.3 仪器工具

DS$_{05}$型或DS$_1$型精密水准仪—1,精密水准仪脚架—1,精密水准尺—1,撑杆—2,记录板—1。

### 21.4 操作说明

21.4.1 了解DS$_1$型精密水准仪的基本构造、各部件名称,了解其操作方法。如图21-1所示为国产DS$_1$型精密水准仪。

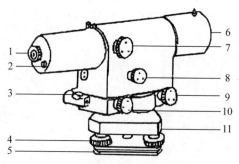

图21-1 DS$_1$型精密水准仪的基本构造

1-目镜;2-测微器读数显微镜;3-粗平水准管;4-脚螺旋;5-底板;6-物镜;
7-物镜对光螺旋;8-读数测微器;9-水平微动螺旋;10-微倾螺旋;11-基座

21.4.2 安置仪器并粗略整平,操作同DS$_3$型水准仪。

21.4.3 瞄准水准尺,并精平(注:大部分精密水准仪可自动精平)。

21.4.4 旋转读数测微器,使楔形十字丝卡住尺上某一读数旁的矩形方块(见图21-2),然后再读出此读数,该读数即为前三位读数值。

21.4.5 在测微器读数显微镜中读取后三位读数,一个读数共有六位数。首位数单位为 m,第六位数单位为 0.01 mm。如图 21-2(a)所示,基尺读数为 133 064。

21.4.6 每次瞄准应在精密水准尺上读取两个读数:基尺读数和辅尺读数。如图 21-2(b)所示,辅尺读数为 434 618。同一根水准尺,基辅尺读数差应是一个常数(如本例中,常数为 301 550)。该常数可作读数检核用。

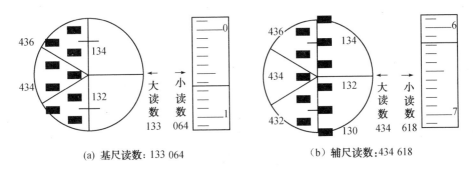

(a) 基尺读数: 133 064　　　　(b) 辅尺读数:434 618

图 21-2　DS₁ 型精密水准仪的读数方法

21.4.7 精密水准仪可直接读出 0.1 mm,且可以估读至 0.01 mm,这就要求持尺者必须使精密水准尺上的气泡居中,且在观测过程中应保持水准尺纹丝不动。因此,应借助竹竿支撑水准尺。

21.4.8 记录:要复述读数、随测、随记、随算,且应计算尺常数 $K$,以便检查读数正确与否。

## 21.5　记录举例

精密水准仪测高记录举例见表 21-1。

表 21-1　精密水准仪测高记录手簿

| (测站编号)　后视点→前视点 | 后视 | 基尺读数　辅尺读数　基辅差 | 前视 | 基尺读数　辅尺读数　基辅差 | 高差(m) | 平均高差(m) | 高程(m) |
|---|---|---|---|---|---|---|---|
| No.1 | | 133 064 | | 156 481 | −0.234 17 | | $H_A=9.564\,30$ |
| A→B | | 434 618 | | 458 029 | −0.234 11 | −0.234 14 | |
| | | $K=301\,554$ | | $K=301\,548$ | 6 | | $H_B=9.330\,16$ |

## 21.6　注意事项

21.6.1 读数、高差和高程计算一定要注意单位。读数时需注意调节读数测微器,将楔形十字丝卡住尺上某一读数旁的矩形方块后方可读数。

21.6.2 精密水准仪和精密水准尺均属贵重仪器,请务必爱护。

# 22. 实习二十二　沉降观测练习

## 22.1　实习目的

22.1.1　掌握沉降观测的目的和意义。

22.1.2　掌握沉降观测的方法和过程。

22.1.3　了解沉降曲线图的含义。

22.1.4　了解变形分析的简单方法。

## 22.2　实习内容

22.2.1　对测量实验室 $C_1$、$C_2$ 两点进行模拟沉降观测。

22.2.2　此实习需 2～3 个课时。

## 22.3　仪器工具

DS$_{05}$ 型或 DS$_1$ 型精密水准仪—1，精密水准仪脚架—1，精密水准尺—2，5 kg 尺垫—2，撑杆—4，记录板—1。

## 22.4　操作说明

测量实验室自七年前开始进行沉降观测，一年一次。沉降点 $C_1$、$C_2$ 的位置如图 22-1 所示，沉降点 $C_1$、$C_2$ 的观测结果见表 22-1(表中高程单位为 m)。请将今年(第八年)的观测结果填入表中，并画出 $C_1$、$C_2$ 两点八年来的沉降曲线图。

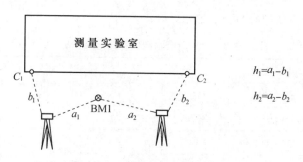

图 22-1　沉降观测实施示意图

22.4.1　先将仪器架于水准基点 BM1 与沉降点 $C_1$ 中间，用精密水准测量方法测量高差(至少观测两次)，从而可求得 $C_1$ 点高程。

22.4.2　再将仪器架于水准基点 BM1 与沉降点 $C_2$ 中间，观测和要求同上，可求得 $C_2$ 点高程。

表 22-1  沉降点 $C_1$、$C_2$ 观测结果

| 观测日期 | 点 $C_1$ 高程(m) | 累计沉降量 $\Delta H$(mm) | 点 $C_2$ 高程(m) | 累计沉降量 $\Delta H$(mm) |
|---|---|---|---|---|
| 第一年十月 | 9.759 5 | | 9.750 3 | |
| 第二年十月 | 9.756 0 | | 9.745 9 | |
| 第三年十月 | 9.754 4 | | 9.744 1 | |
| 第四年十月 | 9.753 5 | | 9.743 0 | |
| 第五年十月 | 9.752 9 | | 9.742 2 | |
| 第六年十月 | 9.752 6 | | 9.741 8 | |
| 第七年十月 | 9.752 4 | | 9.741 6 | |
| 第八年十月 | | | | |

22.4.3  绘制沉降曲线图,图式如图 22-2 所示。

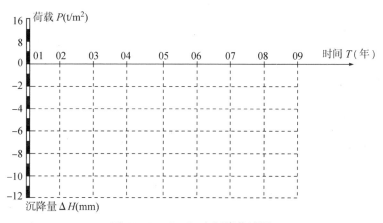

图 22-2  $C_1$、$C_2$ 点沉降曲线图

## 22.5  注意事项

22.5.1  《城市测量规范》规定:沉降观测应按国家二等水准测量要求施测(具体要求可参看《城市测量规范》)。

22.5.2  沉降点 $C_1$、$C_2$ 的高程计算结果取位至 0.1 mm 即可。

# 23．实习二十三　精密经纬仪的使用练习

## 23.1　实习目的

23.1.1　认识 $DJ_2$ 型精密经纬仪的构造及使用方法。

23.1.2　掌握 $DJ_2$ 型精密经纬仪的读数方法。

## 23.2　实习内容

23.2.1　练习 $DJ_2$ 型精密经纬仪的对中、整平及各部件的使用方法。

23.2.2　用 $DJ_2$ 型精密经纬仪观测角度,每位同学观测水平角和竖直角各一测回。

23.2.3　此实习需4个课时。

## 23.3　仪器工具

$DJ_2$ 型精密经纬仪—1,经纬仪脚架—1,记录板—1。

## 23.4　操作说明

23.4.1　认识 $DJ_2$ 型精密经纬仪的构造。$DJ_2$ 型精密经纬仪的构造与 $DJ_6$ 型光学经纬仪大同小异,具体构造及名称如图 23-1 所示。

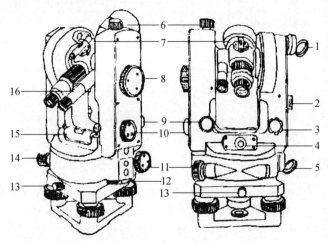

图 23-1　$DJ_2$ 型精密经纬仪

1-竖盘照明镜;2-竖盘水准管观察镜;3-竖盘水准管微动螺旋;4-光学对中器;
5-水平度盘照明镜;6-望远镜制动螺旋;7-光学瞄准器;8-读数测微器;9-望远镜微动螺旋;
10-换像手轮;11-照准部微动螺旋;12-水平度盘变换手轮;13-纵轴套固定螺旋;
14-照准部制动螺旋;15-照准部水准管(水平度盘水准管);16-读数显微镜

23.4.2　仪器安置步骤:$DJ_2$ 型精密经纬仪安置步骤同 $DJ_6$ 型光学经纬仪,需对

中、整平后,再进行瞄准、读数。由于 DJ$_2$ 型属于精密仪器,需采用光学对中器对中。具体操作步骤可参考实习六中的光学对中、整平步骤。

23.4.3　读数:DJ$_2$ 型精密经纬仪有读数测微器,读数方法与 DJ$_6$ 型不同。旋转读数测微器,使读数窗内的上、下读数指标对齐。对齐后先读大数——度数和整十分的读数,如图 23-2(a)所示:42°10′,再读小数——个位分和秒读数,如图 23-2(a)所示:5′35″.8,因此,全部读数记为:42°15′36″(注:读数记录至秒即可)。依例所示,试读出图 23-2(b)的度盘读数。

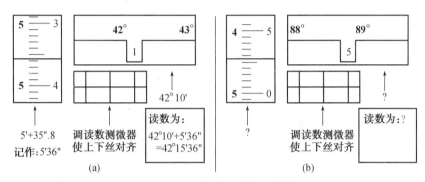

图 23-2　DJ$_2$ 型精密经纬仪的读数方法

23.4.4　如果观测竖直角,DJ$_2$ 型精密经纬仪在读取竖盘读数前同样应使竖盘气泡居中。

23.4.5　记录格式和计算公式同 DJ$_6$ 型光学经纬仪。

## 23.5　记录举例

23.5.1　水平角记录举例见表 23-1。

表 23-1　水平角记录手簿

| 测站 | 目标 | 竖盘位置 | 度盘读数<br>(° ′ ″) | 水平角<br>(° ′ ″) | 平均角度<br>(° ′ ″) | 备注 |
|---|---|---|---|---|---|---|
| O | A | L | 40°31′27″ | 35°02′14″ | 35°02′13″ | |
| | B | | 75°33′41″ | | | |
| | A | R | 220°31′38″ | 35°02′12″ | | |
| | B | | 255°33′49″ | | | |

23.5.2　竖直角记录举例见表 23-2。

表 23-2　竖直角记录手簿

| 测站 | 目标 | 竖盘位置 | 竖盘读数<br>(° ′ ″) | 竖直角<br>(° ′ ″) | 指标差 $x$<br>(″) | 平均角度<br>(° ′ ″) |
|---|---|---|---|---|---|---|
| B | A | L | 88°42′36″ | +1°17′24″ | −2″ | +1°17′22″ |
|  |  | R | 271°17′20″ | +1°17′20″ |  |  |

## 23.6　注意事项

23.6.1　测回法观测水平角检核条件：$|\beta_L - \beta_R| \leqslant 20″$。

23.6.2　测回法观测竖直角检核条件：指标差互差不得超过 18″。

23.6.3　竖盘读数前应注意将竖盘水准管气泡居中。

23.6.4　精密经纬仪属贵重仪器，应倍加爱护。仪器安装到三脚架上，必须将架头连接螺旋旋紧，并严格按照操作规程操作。

# 24．实习二十四　　电子水准仪的使用练习

## 24.1　实习目的

24.1.1　了解电子水准仪的基本构造和性能。

24.1.2　掌握电子水准仪的使用方法。

## 24.2　实习内容

24.2.1　由指导教师在现场介绍美国 Trimble 公司生产的 Dini03 型电子水准仪的构造和性能,并示范高程测量的步骤。

24.2.2　分组进行操作练习,试测某两点间的高差,学会测量的方法。

24.2.3　此实习需 2～3 个课时。

## 24.3　仪器工具

电子水准仪—1,电子水准仪脚架—1,条形码水准尺—1,2.5 kg 尺垫—1,撑杆—2,记录板—1。

## 24.4　操作说明

电子水准仪是集电子光学、图像处理、计算机技术于一体的当代最先进的水准测量仪器。它具有速度快、精度高、使用方便、作业员劳动强度轻、便于用电子手簿记录、实现内外业一体化等优点,代表了当代水准仪的发展方向,具有光学水准仪无可比拟的优越性。本次实习以美国 Trimble 公司生产的 Dini03 型电子水准仪为例进行介绍。

24.4.1　Dini03 型电子水准仪的构造如图 24－1 所示。

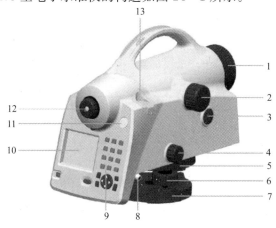

图 24－1　Trimble Dini03 型电子水准仪

1-望远镜遮阳板;2-望远镜调焦旋钮;3-触发键;4-水平微调;5-刻度盘;6-脚螺旋;7-底座;
8-电源/通讯口;9-键盘;10-显示器;11-圆水准气泡;12-十字丝;13-可动圆水准气泡调节器

24.4.2　Dini03 型电子水准仪的主要技术参数见表 24-1。

**表 24-1　Dini03 型电子水准仪的主要技术参数**

| 内容 | 参数 | 备注 |
|---|---|---|
| 外形尺寸 | 155 mm×235 mm×300 mm | |
| 质量 | 3.5 kg | |
| 放大倍率 | 32× | |
| 成像 | 正像 | |
| 千米来回程标准偏差 | 0.3 mm | |
| 可测距离范围 | 1.5～100 m | |
| 高程最小显示单位 | 0.01 mm | |
| 测量时间 | 3 s | |
| 补偿器 补偿范围 | ±15″ | |
| 补偿器 补偿精度 | ±0.2″ | |
| 内存 | 可存 30 000 个数据 | |
| 数据传输 | USB 传输,可扩 | |
| 电池供电 | 可开机 3 天 | 在未开照明灯的情况下,内部 7.4 V /2.4 Ah 锂电池 |

24.4.3　Dini03 型电子水准仪的使用。

Dini03 型电子水准仪的功能主要是通过菜单操作来实现的,主菜单界面如图 24-2。

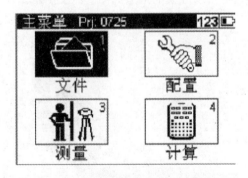

图 24-2　Dini03 型电子水准仪主菜单界面

Dini03 型电子水准仪包括:文件、配置、测量、计算四个主菜单,其子菜单及功能描述见表 24-2:

表 24 - 2　Dini03 型电子水准仪的主菜单、子菜单及功能描述

| 主菜单 | 子菜单 | 子菜单 | 功能描述 |
|---|---|---|---|
| 1. 文件 | 项目管理 | 选择项目 | 选择已有项目 |
| | | 新建项目 | 新建一个项目 |
| | | 项目重命名 | 改变项目名称 |
| | | 删除项目 | 删除已有项目 |
| | | 项目间复制 | 在两个项目间复制信息 |
| | 数据编辑 | | 浏览、输入、删除已有数据 |
| | 数据导入/导出 | Dini 到 USB | 将 Dini 数据传输到存储器 |
| | | USB 到 Dini | 将存储器数据传入 Dini |
| | 存储器 | USB 格式化 | 存储器格式化,注意警告信息 内/外存储器,总存储空间,未占用空间,格式化内/外存储器 |
| 2. 配置 | 输入 | | 输入大气折射、加常数、日期、时间 |
| | 限差/测试 | | 输入水准线路限差(最大视距、最小视距高、最大视距高等信息) |
| | 校正 | Forstner 模式 | 视准轴校正 |
| | | Nabauer 模式 | 视准轴校正 |
| | | Kukkamaki 模式 | 视准轴校正 |
| | | Japanese 模式 | 视准轴校正 |
| | 仪器设置 | | 设置单位、显示信息、自动关机、声音、语言、日期、时间 |
| | 记录设置 | | 数据记录、记录附加数据、线路测量、单点测量、中间点测量 |
| 3. 测量 | 单点测量 | | 单点测量 |
| | 水准线路 | | 水准线路测量 |
| | 中间点测量 | | 基准输入 |
| | 放样 | | 放样 |
| | 断续测量 | | 断续测量 |
| 4. 计算 | 线路平差 | | 线路平差 |

24.4.4　电子水准仪的主要特点。

电子水准仪是在自动安平水准仪的基础上,在光路系统中增加了分光镜和探测器(CCD),采用条形码标尺和图像处理系统构成的光机电测一体化的高科技产品。

与传统光学测绘仪器相比,通常具有以下特点:

(1) 减少误差和错误:没有人为估读误差,也不存在记错数据或记错位置的问题。

(2) 提高读数精度:读数是采用条形码图像处理取平均得到的,削弱了水准尺分划误差的影响,且电子水准仪具有多次读数取平均的功能,可以削弱外界条件的影响。

(3) 提高工作效率:缩减了报数、记录、计算的时间,减少了因人为出错导致重测的次数。与传统仪器相比,测量时间通常可以节省1/3左右。

(4) 减轻了劳动强度:测量时只需调焦和按键就可以自动读数;能自动记录、检核视距;可以将测量数据输入计算机进行后处理,实现内外业一体化,大大减轻了劳动强度。

24.4.5　在指导教师的协助下,分组进行操作练习。

## 24.5　注意事项

24.5.1　清洁仪器时一定要非常小心,尤其是在清洁仪器镜头和反射器的时候,不要用粗糙不干净的布和较硬的纸去清洁仪器。建议使用抗静电镜头纸、棉花块或者镜头刷来清洁仪器。

24.5.2　如仪器在潮湿的天气中使用过,仪器还回实验室后,需从仪器箱中取出仪器,自然晾干;如果在仪器镜头上有水滴,让其自然蒸发即可。

24.5.3　如果长途运输仪器,务必将仪器放在仪器箱中进行搬运,以确保仪器设备的安全。

24.5.4　电子水准仪系精密贵重仪器,务必注意爱护。操作时应小心谨慎,严格按操作规程进行操作。

# 25．实习二十五　光电测距仪的使用练习

## 25.1　实习目的

25.1.1　了解一般光电测距仪的构造和性能。

25.1.2　掌握一般光电测距仪的使用方法。

## 25.2　实习内容

25.2.1　由指导教师在现场介绍日本索佳公司生产的 RED mini 型红外光电测距仪的构造和性能,并示范测量距离的步骤和计算方法。

25.2.2　分组进行操作练习,试测 1～2 测回,学会读数和计算方法。

25.2.3　此实习需 2～3 个课时。

## 25.3　仪器工具

DJ$_2$ 型精密经纬仪—1,经纬仪脚架—1,RED mini 型红外光电测距仪—1,棱镜—1,棱镜脚架—1,2 m 钢卷尺—1,木桩—2,锤—1,记录板—1。

## 25.4　操作说明

25.4.1　RED mini 型红外光电测距仪的构造主要有:测距主机、经纬仪和反光棱镜等,如图 25-1 所示。主机内包含发射和接收红外光的光学系统和电子线路。

25.4.2　RED mini 型红外光电测距仪的主要技术参数见表 25-1。

表 25-1　RED mini 型红外光电测距仪的主要技术参数

| 内容 | 参数 | 备注 |
|---|---|---|
| 放大倍率 | 10× | |
| 成像 | 正像 | |
| 最大测程 | 800～1 000 m | 单棱镜 |
| | 1 200～1 500 m | 三棱镜 |
| 最小显示单位 | mm | |
| 测距精度 | ±(5+5 ppm · $D$)mm | |
| 测距时间 | 4.8 s | |
| 最大显示 | 999.999 m | |
| 尺寸 | 61 mm×170 mm×72 mm | |
| 质量 | 0.8 kg | |

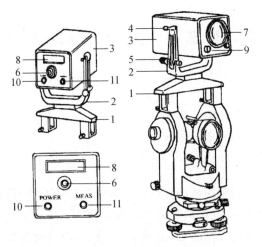

图 25-1  RED mini 红外光电测距仪

1- 支架座;2- 支架;3- 主机;4- 竖直制动螺旋;5- 竖直微动螺旋;6- 发射接收镜的目镜;
7- 发射接收镜的物镜;8- 显示窗;9- 电源电缆插座;10- 电源开关键(POWER);11- 测量键(MEAS)

25.4.3  安置经纬仪、测距仪和棱镜。

(1) 在 $A$ 点安置经纬仪和测距仪,对中、整平后用钢卷尺量取仪器高 $i_A$。

(2) 在 $B$ 点安置棱镜,对中、整平后用钢卷尺量取棱镜高 $v_B$。

25.4.4  盘左观测步骤如下:

(1) 经纬仪瞄准与读数,即经纬仪十字丝中心对准觇牌中心,调平竖盘气泡,读取竖盘读数 $L$,竖直角 $\alpha_L = 90° - L$。

(2) 测距仪瞄准,即测距仪十字丝中心对准棱镜中心。

(3) 测量斜距 $D'$。

① 开机,即左手护机,右手用力按【POWER】钮。

② 测量,即轻按【MEAS】钮,记录读数 4~8 个(规范规定,4 个读数为一测回)。

③ 停机,即再次轻按【MEAS】钮,即停止观测。

④ 关机,即左手护机,右手用力按【POWER】钮。

25.4.5  盘右观测步骤与盘左相同。但应注意:竖直角 $\alpha_R = R - 270°$。本次实习可不进行盘右观测。

25.4.6  计算两点间的平距和高差,取位至 mm。计算公式为:

$$平距\ D_{AB} = D'\cos\alpha \tag{25-1}$$

$$高差\ h_{AB} = D'\sin\alpha + i_A - v_B \tag{25-2}$$

注意:若测距精度要求高,则还应观测气象条件(气温、气压),并按仪器厂家提供的公式进行气象改正。

## 25.5  计算举例

25.5.1  观测数据如下:

（1）测站点 $A$，仪器高 $i_A = 1.505$ m

（2）目标点 $B$，棱镜高 $v_B = 1.643$ m

（3）盘左，竖盘读数 $L = 88°42'38''$

（4）斜距 $D'$（读数 4 次），分别为：128.452 m、128.451 m、128.452 m、128.452 m。

25.5.2  计算结果如下：

（1）竖直角 $\alpha_L = 90° - L = +1°17'22''$

（2）斜距平均值 $D' = 128.451\ 8$ m

（3）平距 $D_{AB} = D' \cos\alpha = 128.419$ m

（4）高差 $h_{AB} = D' \sin\alpha + i_A - v_B = +2.753$ m

## 25.6  注意事项

25.6.1  测量时，测距仪和棱镜均应打伞遮阳。

25.6.2  测距仪系精密贵重仪器，应注意爱护。操作时应小心谨慎，严格按照规程操作。

# 26．实习二十六　GNSS 接收机的使用练习

## 26.1　实习目的

26.1.1　了解 GNSS 接收机的基本组成和主要性能。

26.1.2　初步掌握 GNSS 接收机静态和动态作业的一般方法。

## 26.2　实习内容

26.2.1　由指导教师在现场介绍中海达公司生产的海星达 iRTK 型 GNSS 接收机的基本组成和主要性能,并示范快速静态和实时动态操作的步骤以及手簿记录方法。

26.2.2　分组进行操作练习,学会接收机安置、观测数据采集和测站手簿记录。

26.2.3　此实习需 4～6 个课时。

## 26.3　仪器工具

海星达 iRTK 型 GNSS 接收机—1 套,脚架—1。

## 26.4　操作说明

目前国内各施工单位、科研单位、高等院校等所使用的 GNSS 接收机品牌常见的有:瑞士生产的 Leica(徕卡),美国生产的 Trimble(天宝),国产的华测、中海达、南方等,而各品牌 GNSS 接收机的型号也非常多。本书中以国内常见的中海达公司生产的海星达 iRTK 型 GNSS 接收机为例进行介绍。

26.4.1　iRTK 型接收机的外观及部件。

接收机的外观主要分为四个部分:上盖、下盖、防护圈和控制面板。中间框内为 iRTK 型接收机的控制面板,控制面板包含 F1 键(功能键 1),F2 键(功能键 2)和电源键,指示灯 3 个,分别为卫星灯、状态灯(双色灯)、电源灯(双色灯)。简单的三个按钮囊括了 iRTK 型接收机设置的所有功能。iRTK 型接收机外观及底面结构如图 26-1 所示。

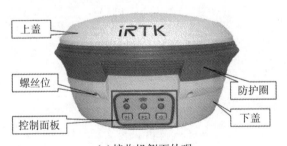
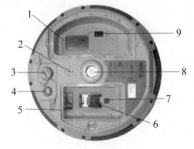

（a）接收机侧面外观　　　　　　　（b）接收机底面结构

图 26-1　iRTK 型接收机

1-电台模块仓;2-喇叭;3-八芯插座及防护塞;
4-五芯插座及防护塞;5-电池仓;6-SIM 卡槽;7-弹针电源座;8-连接螺孔;9-电台模块接口

26.4.2 iRTK 型接收机控制面板的主要操作方法。

iRTK 型接收机大多数设置和操作都可使用控制面板的三个按键来完成。接收机上各信号灯及各按键名称如图 26-2 所示,各操作名称与说明见表 26-1。

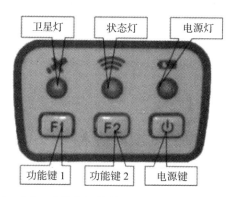

图 26-2 iRTK 型接收机控制面板上各信号灯及各按键名称

表 26-1 iRTK 型接收机各操作名称与说明

| 操作名称 | 说 明 |
|---|---|
| 单击操作 | 按键操作在 1 s 内完成 |
| 双击操作 | 双击按键操作在 1 s 内完成 |
| 长按操作 | 按键操作大于 3 s 小于 6 s,听到一声"叮咚"声 |
| 超长按操作 | 按键操作大于 6 s,听到两声"叮咚"声 |
| 长按 F1+电源键开机 | 按着 F1+电源键,听到"叮咚"声放开 |
| 慢闪 | 灯亮大于 0.5 s |
| 快闪 | 灯亮小于 0.3 s |

iRTK 型接收机的启动与停止,指示灯在开机和关机模式下的显示状态说明参见表 26-2。各按键功能的说明参见表 26-3。

表 26-2 iRTK 型接收机指示灯在开机和关机模式下的显示状态说明

| 开机 | 按电源键 1 s | 所有指示灯亮 | 开机音乐,上次关机前的工作模式和数据链方式的语音提示 |
|---|---|---|---|
| 关机 | 长按电源键 3 s | 所有指示灯灭 | 关机音乐 |

表 26-3　iRTK 型接收机按键功能说明

| 功能 | | 按键操作 | 内容 |
|---|---|---|---|
| 工作模式 | | 双击 F1 | 单击 F1 进行"基准站""移动台""静态"工作模式选择 |
| 数据链 | | 双击 F2 | 单击 F2 进行"UHF""GSM""外挂"数据链模式选择 |
| UHF 模式 | 功率 | 长按 F1 | 单击 F1 进行高、中、低功率选择 |
| | 频道 | 长按 F2 | 单击 F1 进行频道逐个减 1,长按 F1 进行频道逐个减 10 单击 F2 进行频道逐个加 1,长按 F2 进行频道逐个加 10 |
| 静态 | 卫星高度角 | 长按 F1 | 单击 F1 进行 5°、10°、15°卫星高度角选择 |
| | 采样间隔 | 长按 F2 | 单击 F2 进行 1 s、5 s、10 s、15 s 采样间隔选择 |
| | 走走停停功能 | 双击 F2 | 双击 F2 开始记录或者停止(手簿开启此功能,按键才起作用) |
| 设置确定 | | 单击电源键 | 语音提示当前工作模式,数据链方式,电台功率、频道,同时电源灯指示电池电量 |
| 自动设置基站 | | F1+电源键开机 | 先按住 F1 键,再按电源键开机,直到出现"叮咚"声后再松开 F1 键。语音提示确定、当前接收机状态 |
| 复位主板和功能自检 | | 超长按 F1 | 单击 F1 功能自检 |
| | | | 单击 F2 复位主板 |
| 上传静态文件和恢复出厂默认值 | | 超长按 F2 | 单击 F1 上传静态文件 |
| | | | 单击 F2 恢复出厂默认值 |
| 电源键 | 开机 | 按电源 1 s | 在关机状态下,长按电源键 1 s,面板灯全都亮后,松开按键即可开机 |
| | 关机 | 长按电源键 | 在开机状态下,长按电源键 3 s,可正常关机 |
| | 查询工作状态 | 单击电源键 | 在非设置状态下,查询当前工作模式、数据链方式和电台频道,语音提示,同时电源灯指示电池电量 |
| | 确定设置 | 单击电源键 | 在设置状态下,设置确定 |
| | 开启和关闭语音帮助 | 双击电源键 | 双击电源键将开启或者关闭语音帮助 |
| 语音帮助 | | | 语音帮助开启之后,单击 F1 或 F2 都可得到语音帮助 |
| 其他按键操作 | | | 无效操作:无效按键操作仪器将播放"嘟"的警报声,三次错误,播放"无效操作,需要语音帮助请双击电源键"的录音 |

　　配套的 iHand28G 手簿可以通过网络、蓝牙或电缆线连接海星达 iRTK 型接收机,各项设置也可通过手簿操作完成。具体操作方法可参见中海达 Hi-RTK 软件(iHand)手簿使用说明书。

26.4.3　iRTK 型接收机的主要技术指标。

(1) 卫星信号接收:220 通道。

(2) 静态、快速静态精度　平面:$\pm(2.5+1\ ppm\cdot D)mm$

　　　　　　　　　　　高程:$\pm(5+1\ ppm\cdot D)mm$

RTK 定位精度　平面:$\pm(10+1\ ppm\cdot D)mm$

　　　　　　　高程:$\pm(20+1\ ppm\cdot D)mm$

PPP 定位精度　平面:$\pm10\ cm$

　　　　　　　高程:$\pm10\ cm$

(3) 初始化时间:通常小于 10 s。

(4) 网络通信:标配内置 3G 网络通信模块,向下兼容 GPRS 网络。

(5) 数据记录:内置 1G Flash 存储器。

(6) 体积:$\Phi19.5\ cm\times h10.4\ cm$。

(7) 电池:内置锂电池供电,标配 2 块,一块电池可供静态工作 14 h。

(8) 工作温度:$-45\ ℃\sim65\ ℃$,存储温度:$-55\ ℃\sim85\ ℃$。

26.4.4　在指导教师指导下,分组进行操作练习,学会接收机安置、观测数据采集和测站手簿记录。

## 26.5　注意事项

26.5.1　GNSS 接收机系精密仪器,操作时应小心谨慎,严格按照规程操作。

26.5.2　GNSS 接收机在使用和保存时,必须在规定的温度范围内。

26.5.3　为保证对卫星的连续跟踪观测和卫星信号的质量,要求测站上空应尽可能地开阔,在 15°高度角以上不能有成片的障碍物。

26.5.4　为减少各种电磁波对 GNSS 卫星信号的干扰,在测站周围约 200 m 的范围内不能有强电磁波干扰,如电视塔、微波站、高压输电线等。

26.5.5　为避免或减少多路径效应的发生,测站应远离对电磁波信号反射强烈的地形、地物,如高层建筑、成片水域等。

第三部分

# 课 堂 练 习

## 27. 课堂练习一 导线坐标计算及导线点的展绘

### 27.1 练习目的

27.1.1 掌握导线坐标计算的方法。

27.1.2 掌握小型计算器的用法。

27.1.3 掌握导线点的展绘方法。

### 27.2 练习内容

27.2.1 闭合导线坐标计算,见本书第四部分《土木工程测量》习题集 6.10。

27.2.2 附合导线坐标计算,见本书第四部分《土木工程测量》习题集 6.11。

27.2.3 导线点的展绘,见本书第四部分《土木工程测量》习题集 6.12。

### 27.3 练习说明

本次导线计算以本书实习十"全站仪导线测量"成果为例进行闭合导线的计算,程序如下:

27.3.1 导线角度闭合差的计算与调整。

$$角度闭合差为 f_\beta = \sum \beta_测 - \sum \beta_理 = \sum \beta_测 - 180° \cdot (n-2) \qquad (27-1)$$

$$容许闭合差为 f_{\beta容} = \pm 10'' \sqrt{n} \qquad (27-2)$$

角度闭合差的调整原则:

(1) 平均分配到各角,取位至 1''。

(2) 改正数的符号与闭合差相反。

27.3.2 导线各边方位角的计算。

根据调整后的右角和导线起始边的方位角,依次推算各边的方位角。计算公式:

$$所求边方位角 = 已知边方位角 - \beta_{右角} \pm 180° \qquad (27-3)$$

$$所求边方位角 = 已知边方位角 + \beta_{左角} \pm 180° \qquad (27-4)$$

如图 27-1 所示,观测角右角为

$$\alpha_{BC} = 35°30'(\alpha_{AB}) - 89°33'48'' + 180° = 125°56'12''$$

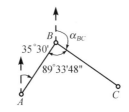

图 27 - 1　方位角推算

**27.3.3**　坐标增量的计算。

坐标增量计算公式:

$$\Delta x = D \cdot \cos\alpha \qquad\qquad (27-5)$$

$$\Delta y = D \cdot \sin\alpha \qquad\qquad (27-6)$$

按边长和方位角数值,用小型计算器算出 $\Delta x$ 与 $\Delta y$,其正负号在计算器上直接显示。

**27.3.4**　坐标增量闭合差的计算及调整。

闭合导线坐标增量总和的理论值应等于零,其不符值即为坐标增量闭合差:

$$f_x = \sum\Delta x_{\text{计算}} - \sum\Delta x_{\text{理}} = \sum\Delta x_{\text{计算}} = -0.020 \text{ m}$$

$$f_y = \sum\Delta y_{\text{计算}} - \sum\Delta y_{\text{理}} = \sum\Delta y_{\text{计算}} = -0.001 \text{ m}$$

导线全长绝对闭合差:

$$f = \sqrt{f_x^2 + f_y^2} = \sqrt{0.004\ 0 + 0.000\ 0} = 0.020 \text{ m}$$

导线相对闭合差:

$$K = \frac{f}{\sum D} = \frac{0.020}{392.9} \approx \frac{1}{19\ 600} < \frac{1}{14\ 000}$$

符合精度要求,可进行坐标增量闭合差的调整。

坐标增量闭合差的调整原则:改正数与边长成正比例分配,符号与闭合差的符号相反。

**27.3.5**　导线点的坐标计算。

根据第一点的坐标,依次加上改正后的坐标增量,即可推算出其余各点坐标。

$$x_B = x_A + \Delta x_{AB} \qquad\qquad (27-7)$$

$$y_B = y_A + \Delta y_{AB} \qquad\qquad (27-8)$$

即后一点的坐标为前一点的坐标加上相应的坐标增量值,最后回算至起点,视坐标数值是否相同,以资检核。计算示例见表 27 - 1。

**27.3.6**　展绘导线点。

根据计算出的导线点坐标值,按 1∶1 000 比例尺在 30 cm×30 cm 方格网内展绘导线点。

根据比例尺的大小和导线点的坐标,首先确定点位所在的方格,再根据坐标值分

别在格网边两侧沿 $x$ 轴方向按比例量出 $\Delta x$，沿 $y$ 轴方向量出 $\Delta y$，两两相连，交出导线点。同法分别绘出其余各点。最后，用比例尺量取相邻导线点的图上距离，与已知距离值相比较以资检核，其最大误差不得超过 $\pm 0.3\,\mathrm{mm}$，如果超限应重绘。

### 27.4 注意事项

27.4.1　角度闭合差及坐标增量闭合差的调整应按规定原则进行分配。

27.4.2　坐标增量算至小数点后三位，即 mm 位。

27.4.3　每一步骤计算完毕，应随时作校核，以便能及时发现计算上的错误。

27.4.4　增量的正负号，取决于导线边的方位角，用小型计算器计算时，注意数据所显示的"—"号。

表 27 - 1 导线测量坐标计算表

| 点号 | 角度观测值 | 改正后角度 | 方位角 | 水平距离 | 坐标增量 | | 改正后增量 | | 坐标 | |
|---|---|---|---|---|---|---|---|---|---|---|
| | (° ′ ″) | (° ′ ″) | (° ′ ″) | m | Δx(m) | Δy(m) | Δx(m) | Δy(m) | x(m) | y(m) |
| (1) | (2) | (3) | (4) | (5) | (6) | (7) | (8) | (9) | (10) | (11) |
| A | | | 35°30′00″ | 78.169 | +4 / +63.639 | +0 / +45.393 | +63.643 | +45.393 | 500.000 | 500.000 |
| B | +2 / 89°33′46″ | 89°33′48″ | 125°56′12″ | 129.291 | +7 / −75.880 | +1 / +104.683 | −75.873 | +104.684 | 563.643 | 545.393 |
| C | +2 / 73°00′22″ | 73°00′24″ | 232°55′48″ | 80.178 | +4 / −48.331 | +0 / −63.974 | −48.327 | −63.974 | 487.770 | 650.077 |
| D | +2 / 107°48′46″ | 107°48′48″ | 305°07′00″ | 105.263 | +5 / +60.552 | +0 / −86.103 | +60.557 | −86.103 | 439.443 | 586.103 |
| A | +2 / 89°36′58″ | 89°37′00″ | 35°30′00″ | | | | | | 500.000 | 500.000 |
| B | | | | | | | | | | |
| Σ | 359°59′52″ | 360°00′00″ | — | 392.901 | −0.020 | −0.001 | 0 | 0 | — | — |

$f_\beta = \sum\beta - \sum\beta_理 = \sum\beta - (n-2)\times180° = -8'' < f_{\beta容}$

$f_{\beta容} = \pm10''\sqrt{n} = \pm20''$

$\sum D = 392.901$ m     $f_x = \sum\Delta x = -0.020$ m     $f_y = \sum\Delta y = -0.001$ m

$f = \sqrt{f_x^2 + f_y^2} = 0.020$ m     $K = f/\sum D \approx 1/19\,600 < 1/14\,000$ 符合精度要求

# 28. 课堂练习二　等高线勾绘练习

### 28.1　练习目的

练习根据地形点的高程用目估法勾绘等高线。

### 28.2　练习内容

等高线勾绘,见本书《土木工程测量》习题集7.8。

### 28.3　练习说明

由于在测图时,观测人员选取地形特征点进行观测,因此,在山谷线或山脊线等地性线同一侧相邻的地形点间应是等坡的,由此可知,某两点间根据其高差等分即可得到等高线通过的位置。

用目估法勾绘等高线的具体步骤为:

(1)"同侧选点,判断有无"

只有在地性线同侧的相邻地形点之间或地性线上的点与其相邻的地形点之间才有坡度相同的等高线通过的可能,可进行等分勾绘等高线。如果分属地性线两侧或两点间有别的地形点存在,则不能进行等分勾线。因此,只有先判断某两点间有无同坡度的等高线通过,才能决定是否需要将其进行连线等分。

(2)"确定头尾,等分中部"

如图28-1所示,假设等高距为1 m,先算出$A$、$B$的高差为3.7 m,估计每米高差的平距值,先取0.4与0.3,定出58 m和61 m的位置,再将中间分成三等份即可。

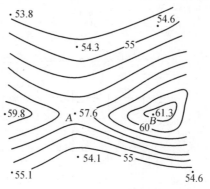

图28-1　等高线的勾绘

(3)"同高勾线,5倍加粗"

根据地形点的高程,用目估内插法求得整米高程点,将高程相同且属于同一条等高线的点用0.15 mm粗的圆滑曲线连接。属于高程为5 m整数倍的等高线用0.3 mm粗的线条勾绘得计曲线。

（4）"标注高程,检查错误"

在计曲线上选取平滑处断开,面向山头方向标注高程。同时检查有无地形异常之处,可与实地地形相对照,如有错误或遗漏发生应及时进行纠正。

## 28.4 注意事项

28.4.1 进行内插时,所选相邻地形点一定要在同一斜坡上。

28.4.2 等高线通过山脊线与山谷线时应与其成正交。

28.4.3 等高线用圆滑的曲线连成,不要画成折线。

28.4.4 等高线遇到房屋、道路及填注高程和文字的地方,可以断开。

# 29. 课堂练习三　地形图的应用

## 29.1　练习目的

掌握应用地形图解决工程设计中的若干基本问题的方法。

## 29.2　练习内容

地形图应用,见本书《土木工程测量》习题集8.2。

## 29.3　练习说明

29.3.1　确定点的高程。

分别过 $C$ 点和 $D$ 点作一直线与相邻的两条等高线正交,按比例内插可得。

29.3.2　确定两点间直线的坡度

$$i_{DC} = \frac{h_{DC}}{D_{DC}} \times 100\% = \frac{H_C - H_D}{d \cdot M} \times 100\% \qquad (29-1)$$

式中:$d$ 为 $D$、$C$ 两点之间的图上距离,$M$ 为比例尺的分母。

注意 $i$ 的符号,正号表示上坡,负号表示下坡。

29.3.3　按规定的坡度选取等坡路线。

根据题目要求,由公式 $i = h/(d \cdot M)$,可推算出相邻等高线之间的最小平距 $d$,然后选定 $d$ 作为半径,依次从 $A$ 点开始作圆弧与相邻等高线相交得新圆心,将其相连可得题目要求的等坡路线。

29.3.4　绘制已知方向纵断面图。

以横轴表示水平距离,以纵轴表示高程,将地形图上直线与等高线的交点分别按比例尺转绘到图上,最后用平滑曲线连接可得。

29.3.5　确定点的坐标。

过点分别作垂线与坐标格网相交,则左下角格网点的坐标加上坐标差值即可求得。精度要求较高时应考虑图纸伸缩变形的影响。

29.3.6　确定两点间的距离。

$$D_{61-08} = \sqrt{(x_{08} - x_{61})^2 + (y_{08} - y_{61})^2} \qquad (29-2)$$

29.3.7　确定两点间的坐标方位角。

首先求出象限角 $R_{61-08}$:

$$R_{61-08} = \arctan \frac{\Delta y_{61-08}}{\Delta x_{61-08}} = \arctan \frac{y_{08} - y_{61}}{x_{08} - x_{61}} \qquad (29-3)$$

根据 $\Delta x_{61-08}$ 和 $\Delta y_{61-08}$ 的符号,判断 $\alpha_{61-08}$ 所在的象限,再根据象限角与坐标方

位角的关系(参见表 29 - 1)即可求得 $\alpha_{61-08}$。

表 29 - 1　象限角 $R$ 与坐标方位角 $\alpha$ 的关系

| 象限 | 象限符号 | 方位角 $\alpha$ | 两者关系 | $\Delta x$ 符号 | $\Delta y$ 符号 |
|------|----------|----------------|----------|----------------|----------------|
| Ⅰ | NE | $0° \sim 90°$ | $\alpha = R$ | $+$ | $+$ |
| Ⅱ | SE | $90° \sim 180°$ | $\alpha = 180° - R$ | $-$ | $+$ |
| Ⅲ | SW | $180° \sim 270°$ | $\alpha = 180° + R$ | $-$ | $-$ |
| Ⅳ | NW | $270° \sim 360°$ | $\alpha = 360° - R$ | $+$ | $-$ |

29.3.8　确定汇水面积。

(1) 先确定汇水面积边界。汇水边界是根据等高线的分水线(山脊线)来确定的。再利用求积仪来量测该图形面积。

(2) 求积仪常数 $C$ 的测定。

$$C = \frac{S}{n_2 - n_1} \tag{29 - 4}$$

式中:$S$ 为已知图形面积,$n$ 为求积仪上的读数。

在计算纸上选定一块 100 mm × 100 mm 的区间,将求积仪安放在其上,先使两臂位置在左,绕图形顺时针方向与逆时针方向各转一次,求出常数 $C_1$;再使两臂位置在右,顺逆向各转一次,求出常数 $C_2$。

每次顺向与逆向所得读数的较差,以每 1 000 个读数单位不超过 5 为好。

(3) 测定图形面积。先使两臂位置在左,按顺时针方向绕汇水面积周界运行一次,再按逆时针方向运行一次,求出读数差平均值,根据 $C_1$ 求出图形面积 $S_1$,$S_1 = C_1 \cdot (n_2 - n_1)$。再使两臂位置在右,按顺时针方向与逆时针方向绕图形运行,按 $C_2$ 求出图形面积 $S_2$,$S_2 = C_2 \cdot (n_2 - n_1)$。

(4) 计算量测结果的精度。

$$K = \frac{S_1 - S_2}{S_{中}} \leq \frac{1}{200} \tag{29 - 5}$$

(5) 按图纸比例尺换算成实地面积:$m^2$、亩、公顷。

## 29.4　面积测定记录举例

29.4.1　求积仪常数 $C$ 的测定记录举例见表 29 - 1。

表 29-1　测定求积仪常数 $C$

| 两臂位置 | 次数 | 起点读数 ($n_1$) | 终点读数 ($n_2$) | 读数差数 ($n_2-n_1$) | 平均值 | 图形面积 ($mm^2$) | 常数 $C$ | 备注 |
|---|---|---|---|---|---|---|---|---|
| 在左 | 1 | 1 418 | 2 420 | 1 002 | 1 000 | 10 000 | 10.00 | |
| | 2 | 2 420 | 1 422 | 998 | | | | |
| 在右 | 1 | 7 963 | 8 968 | 1 005 | 1 004 | 10 000 | 9.96 | |
| | 2 | 8 968 | 7 965 | 1 003 | | | | |

29.4.2　图形面积量测记录举例见表 29-2。

表 29-2　图形面积量测

| 两臂位置 | 次数 | 起点读数 ($n_1$) | 终点读数 ($n_2$) | 读数差数 ($n_2-n_1$) | 差值 | 平均值 | 所量图形面积($mm^2$) | 平均面积($mm^2$) |
|---|---|---|---|---|---|---|---|---|
| 在左 | 1 | 3 607 | 7 318 | 3 711 | 5 | 3 708.5 | 3 7085 | 37 058 |
| | 2 | 7 318 | 3 612 | 3 706 | | | | |
| 在右 | 1 | 8 177 | 11 892 | 3 715 | 6 | 3 718 | 37 031 | |
| | 2 | 11 892 | 8 171 | 3 721 | | | | |

29.4.3　相对误差 $= \dfrac{两面积之差}{平均面积} = \dfrac{54}{37\ 058} = \dfrac{1}{686}$。

29.4.4　按比例算得实地面积 $S = 37\ 058 \times M^2 = 148\ 232\ m^2 = 222.3$ 亩 $= 14.82$ 公顷。(式中:$M$ 为图纸比例尺分母,本例为 2 000。)

注:$1\ m^2 = 0.001\ 5$ 亩;1 公顷 $= 10\ 000\ m^2$。

## 29.5　求积仪测定面积的注意事项

29.5.1　图纸必须平整,固定在图板或桌面上。

29.5.2　航针应沿图形轮廓匀速缓慢移动。

29.5.3　顺向转动时,如终了读数小于起始读数,则表明读数指标已超过零,而应加 10 000 或 10 000 的倍数。

29.5.4　求积仪的极点应放在图形外面,并使求积仪在运行过程中,两臂的交角应在 $30° \sim 150°$ 之间。

# 30. 课堂练习四 单圆曲线计算(偏角法、直角坐标法)

## 30.1 练习目的

30.1.1 运用公式求出单圆曲线各元素。

30.1.2 练习计算圆曲线主点里程桩桩号。

30.1.3 练习用公式求出圆曲线各副点的偏角 $\Delta$ 和直角坐标$(x,y)$。

## 30.2 计算内容

单圆曲线计算,见本书《土木工程测量》习题集11.2。

## 30.3 计算例题

如图30-1,已知:转折角(右偏)$\alpha=20°00'$,$JD=K3+509.82$,半径$R=300$ m。

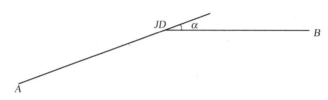

图 30-1 单圆曲线计算

30.3.1 求算圆曲线诸元素。

切线长 $T = R \cdot \tan\dfrac{\alpha}{2} = 52.90$ m

曲线长 $L = R \cdot \alpha \cdot \dfrac{\pi}{180°} = 104.72$ m

外矢距 $E = R \cdot \left(\sec\dfrac{\alpha}{2} - 1\right) = 4.63$ m

切曲差 $D = 2T - L = 1.08$ m

30.3.2 曲线主点里程桩桩号计算。

| | |
|---|---|
| $JD\cdots K3+509.82$ | |
| $-T$ 52.90 | |
| $ZY\cdots K3+456.92$ | 检查计算: |
| $+L/2$ 52.36 | $JD\cdots K3+509.82$ |
| | $+T$ 52.90 |
| $QZ\cdots K3+509.28$ | $K3+562.72$ |
| $+L/2$ 52.36 | $-D$ 1.08 |
| $YZ\cdots K3+561.64$ | $YZ\cdots K3+561.64$ |

30.3.3 计算单位弧长 $l$(或弦长 $c$)及分弧长 $l'$(或弦长 $c'$)所对的偏角 $\Delta$ 及曲线上各副点的总偏角。

(1) 单位弧长 $l$(或弦长 $c$)所对的偏角 $\Delta$:

$$l = 10 \text{ m}$$

$$\Delta = \frac{l}{2R}\rho'' = 0°57'18''$$

$$c = 2R\sin\Delta = 9.998 \text{ m} \approx l = 10 \text{ m}$$

(2) 分弧长 $l'$(或弦长 $c'$)所对之偏角 $\Delta'$:

$$l' = 4.72 \text{ m}$$

$$\Delta' = \frac{l'}{2R}\rho'' = 0°27'02''$$

$$c' \approx l' = 4.72 \text{ m}$$

(3) 曲线上各点之偏角

|  |  |  |
|---|---|---|
| $ZY$ | $K3+456.92$ | $0°00'.0$ |
|  | $+\Delta$ | $0°57'.3$ |
| 1 | $K3+466.92$ | $0°57'.3$ |
|  | $+\Delta$ | $0°57'.3$ |
| 2 | $K3+476.92$ | $1°54'.6$ |
|  | $+\Delta$ | $0°57'.3$ |
| 3 | $K3+486.92$ | $2°51'.9$ |
|  | $+\Delta$ | $0°57'.3$ |
| 4 | $K3+496.92$ | $3°49'.2$ |
|  | $+\Delta$ | $0°57'.3$ |
| 5 | $K3+506.92$ | $4°46'.5$ |
| $QZ$ | $K3+509.28$ | $5°00'.0$ |
|  | $+\Delta$ | $0°57'.3$ |
| 6 | $K3+516.92$ | $5°43'.8$ |
|  | $\cdots$ |  |
| 10 | $K3+556.92$ | $9°33'.0$ |
|  | $+\Delta'$ | $0°27'.0$ |
| $YZ$ | $K3+456.92$ | $10°00'.0$ |

注:$\Delta_{QZ} = \alpha/4 = 5°00'.0$

$\Delta_{YZ} = \alpha/2 = 10°00'.0$

30.3.4　偏角法测设圆曲线记录表见表 30-1。

**表 30-1　偏角法测设圆曲线记录**

| 点号 | 桩号 | 偏角 | 曲线说明 | 备注 |
|---|---|---|---|---|
| ZY | K3+456.92 | 0°00′.0 | JD=K3+509.82 | |
| 1 | K3+466.92 | 0°57′.3 | α:右 20°00′ | |
| 2 | K3+476.92 | 1°54′.6 | R=300 m | |
| 3 | K3+486.92 | 2°51′.9 | T=52.90 m | |
| 4 | K3+496.92 | 3°49′.2 | L=104.72 m | |
| 5 | K3+506.92 | 4°46′.5 | E=4.63 m | |
| QZ | K3+509.28 | 5°00′.0 | D=1.08 m | |
| 6 | K3+516.92 | 5°43′.8 | l=10 m | 单位弧长 |
| 7 | K3+526.92 | 6°41′.1 | Δ=0°57′18″ | |
| 8 | K3+536.92 | 7°38′.4 | l′=4.72 m | 分弧长 |
| 9 | K3+546.92 | 8°35′.7 | c′=4.72 m | |
| 10 | K3+556.92 | 9°33′.0 | Δ′=0°27′02″ | |
| YZ | K3+561.64 | 10°00′.0 | | |

（注：表中箭头方向表示放样时的方向和顺序。）

30.3.5　计算曲线上各副点的直角坐标 $(x,y)$。

设 $l_i$ 为待定点 $P_i$ 至原点（ZY 点或 YZ 点）间的弧长，$\varphi_i$ 为所对的圆心角，$R$ 为半径。则待定点 $P_i$ 的坐标的计算公式为

$$x_i = R \cdot \sin\varphi_i \qquad (30-1)$$
$$y_i = R(1 - \cos\varphi_i) \qquad (30-2)$$

式中 $\varphi_i = \dfrac{l_i}{R} \cdot \dfrac{180°}{\pi}(i=1,2,3,\cdots)$

则由公式计算得到各副点的直角坐标值见表 30-2。

**表 30-2　圆曲线各副点的直角坐标值**

| $l_i=$ | 10 m | 20 m | 30 m | 40 m | 50 m |
|---|---|---|---|---|---|
| $x_i=$ | 10.00 m | 19.99 m | 29.95 m | 39.88 m | 49.77 m |
| $y_i=$ | 0.17 m | 0.67 m | 1.50 m | 2.66 m | 4.16 m |

30.3.6 直角坐标法测设圆曲线记录表见表30-3。

**表30-3 直角坐标法测设圆曲线记录**

| 点号 | 桩号 | $x$(m) | $y$(m) | 曲线说明 | 备注 |
|------|------|--------|--------|----------|------|
| ZY | K3+456.92 | 0.00 | 0.00 | $JD=K3+509.82$ | |
| 1 | K3+466.92 | 10.00 | 0.17 | $\alpha$:右 20°00′ | |
| 2 | K3+476.92 | 19.99 | 0.67 | $R=300$ m | |
| 3 | K3+486.92 | 29.95 | 1.50 | $T=52.90$ m | |
| 4 | K3+496.92 | 39.88 | 2.66 | $L=104.72$ m | |
| 5 | K3+506.92 | 49.77 | 4.16 | $E=4.63$ m | |
| QZ | K3+509.28 | 52.10 | 4.56 | $D=1.08$ m | |
| 5′ | K3+511.64 | 49.77 | 4.16 | $l=10$ m | 单位弧长 |
| 4′ | K3+521.64 | 39.88 | 2.66 | $l'=2.36$ m | 分弧长 |
| 3′ | K3+531.64 | 29.95 | 1.50 | | |
| 2′ | K3+541.64 | 19.99 | 0.67 | | |
| 1′ | K3+551.64 | 10.00 | 0.17 | | |
| YZ | K3+561.64 | 0.00 | 0.00 | | |

(注:表中箭头方向表示放样时的方向和顺序。)

## 30.4 注意事项

30.4.1 计算长度取小数点后两位,小数点后第三位四舍五入。

30.4.2 计算角度取至 0′.1。

# 31. 课堂练习五 缓和曲线计算（偏角法、直角坐标法）

## 31.1 练习目的

**31.1.1** 练习运用公式计算出缓和曲线各项元素。

**31.1.2** 练习计算带有缓和曲线的圆曲线的主点里程桩桩号。

**31.1.3** 练习计算求出曲线上各副点的偏角和坐标。

## 31.2 计算内容

缓和曲线计算，见本书《土木工程测量》习题集11.5。

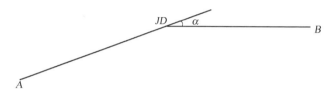

图 31-1 缓和曲线计算

## 31.3 计算说明

**31.3.1** 计算 $\beta_0, x_0, y_0, p, q$。

$$\beta_0 = \frac{l_0}{2R} \cdot \rho \tag{31-1}$$

$$x_0 = x_H = l_0 - \frac{l_0^3}{40R^2} \tag{31-2}$$

$$y_0 = y_H = \frac{l_0^2}{6R} \tag{31-3}$$

$$p = y_0 - R(1 - \cos\beta_0) \approx \frac{l_0^2}{24R} \tag{31-4}$$

$$q = x_0 - R \cdot \sin\beta_0 = \frac{l_0}{2} - \frac{l_0^3}{240R^2} \approx \frac{l_0}{2} \tag{31-5}$$

**31.3.2** 计算切线总长。

$$T_H = q + (R + p)\tan\frac{\alpha}{2} \tag{31-6}$$

**31.3.3** 计算曲线总长 $L_H$。

圆曲线长度为

$$L' = R(\alpha - 2\beta_0)\frac{\pi}{180°} \tag{31-7}$$

曲线总长为

$$L_H = L' + 2l_0 \qquad (31-8)$$

31.3.4 计算外矢距和超距。

$$E_H = (R + p)\sec\frac{\alpha}{2} - R \qquad (31-9)$$

$$D_H = 2T_H - L_H \qquad (31-10)$$

31.3.5 计算缓和曲线各主点的桩号。

$$
\begin{array}{r}
JD \\
- \quad T_H \\
\hline
ZH \\
+ \quad l_0 \\
\hline
HY \\
+ \quad L'/2 \\
\hline
QZ \\
+ \quad L'/2 \\
\hline
YH \\
+ \quad l_0 \\
\hline
HZ
\end{array}
$$

校核计算:

$$
\begin{array}{r}
JD \\
+ \quad T_H \\
- \quad D_H \\
\hline
HZ
\end{array}
$$

31.3.6 计算曲线副点的偏角。

(1) 计算 $ZH(HZ)$ 作测站时,缓和曲线上各副点的偏角:

$$\delta_0 = \frac{\beta_0}{3} \qquad (31-11)$$

$$\delta_1 = \delta_0 \left[\frac{l_{10}}{l_0}\right]^2, \delta_2 = \delta_0 \left[\frac{2l_{10}}{l_0}\right]^2 = 4\delta_1, \delta_3 = 9\delta_1, \delta_4 = 16\delta_1, \cdots \qquad (31-12)$$

(2) 计算 $HY(YH)$ 作测站至圆曲线各副点的偏角:

$$\delta = \frac{c}{2R} \cdot \rho \qquad (31-13)$$

31.3.7 计算曲线副点的坐标。

(1) 计算缓和曲线上各副点的坐标:

$$x = l - \frac{l^5}{40R^2 l_0^2}, y = \frac{l^3}{6Rl_0} \qquad (31-14)$$

(2) 计算圆曲线上任意点坐标:

$$x = R \cdot \sin(\beta_0 + \varphi') + q = R \cdot \sin\varphi + q$$

$$y = R \cdot [1 - \cos(\beta_0 + \varphi')] + p = R \cdot (1 - \cos\varphi) + p \qquad (31-15)$$

曲线中点坐标 $x_{QZ}$、$y_{QZ}$ 为:

$$x_{QZ} = q + R \cdot \sin\frac{\alpha}{2}$$

$$y_{QZ} = p + R\left(1 - \cos\frac{\alpha}{2}\right) \tag{31-16}$$

## 31.4 计算例题

如图 $31-1$，已知 $JD = K5 + 324.00$，$\alpha_{右} = 22°00'$，$R = 500$ m，$l_0 = 60$ m。

**31.4.1** 计算 $\beta_0, x_0, y_0, p, q$。

$$\beta_0 = 3°26'.3 \quad x_0 = x_H = 59.98 \text{ m} \quad y_0 = y_H = 1.20 \text{ m}$$

$$p = 0.30 \text{ m} \quad q = 29.996 \text{ m} \approx 30.00 \text{ m}$$

**31.4.2** 计算切线总长。

$$T_H = q + (R + p)\tan\frac{\alpha}{2} = 127.24 \text{ m}$$

**31.4.3** 计算圆曲线长度和曲线总长。

$$L' = R(\alpha - 2\beta_0)\frac{\pi}{180°} = 131.98 \text{ m}$$

$$L_H = L' + 2l_0 = 251.98 \text{ m}$$

**31.4.4** 计算外矢距和超距。

$$E_H = (R + p)\sec\frac{\alpha}{2} - R = 9.66 \text{ m}$$

$$D_H = 2T_H - L_H = 2.50 \text{ m}$$

**31.4.5** 计算各主点桩号。

|   | $JD\cdots K5+324.00$ |
|---|---|
| $-$ | $T_H$ 　　127.24 |
|   | $ZH$ 　$K5+196.76$ |
| $+$ | $l_0$ 　　　60.00 |
|   | $HY$ 　$K5+256.76$ |
| $+$ | $L'/2$ 　　65.99 |
|   | $QZ$ 　$K5+322.75$ |
| $+$ | $L'/2$ 　　65.99 |
|   | $YH$ 　$K5+388.74$ |
| $+$ | $l_0$ 　　　60.00 |
|   | $HZ\cdots K5+448.74$ |

校核计算：

|   | $JD\cdots K5+324.00$ |
|---|---|
| $+$ | $T_H$ 　　127.24 |
| $-$ | $D_H$ 　　　2.50 |
|   | $HZ\cdots K5+448.74$ |

**31.4.6** 计算曲线副点的偏角。

(1) 缓和曲线上各副点的偏角：

$$l_0 = 60 \text{ m}, \delta_0 = \frac{\beta_0}{3} = 1°08'.8$$

$$l_1 = 20 \text{ m}, \delta_1 = \frac{1}{9}\delta_0 = 0°07'.6$$

$$l_2 = 40 \text{ m}, \delta_2 = \frac{4}{9}\delta_0 = 0°30'.6$$

(2) 圆曲线上各副点的偏角：

$$\Delta = 1\ 718'.87\frac{c}{R} = 1\ 718'.87\frac{20}{500} = 1°08'45''$$

31.4.7 偏角法测设缓和曲线记录表见表 31-1。

**表 31-1　偏角法测设缓和曲线**

| 点号 | 桩号 | 总偏角 | 曲线说明 | 备注 |
|---|---|---|---|---|
| ZH | K5+196.76 | 0°00'.0 | JD=K5+324.00 | c=20 m |
| 1 | K5+216.76 | 0°07'.6 | α:右 22°00' | |
| 2 | K5+236.76 | 0°30'.6 | R=500 m | |
| HY | K5+256.76 | 1°08'.8 (0°00'.0) | $l_0$=60 m | |
| 3 | K5+276.76 | 1°08'.8 | $\beta_0$=3°26'.3 | |
| 4 | K5+296.76 | 2°17'.6 | $x_H$=59.98 m | |
| 5 | K5+316.76 | 3°26'.3 | $y_H$=1.20 m | |
| QZ | K5+322.75 | 3°46'.9 | q=30.00 m | |
| 6 | K5+336.76 | 4°35'.0 | p=0.30 m | |
| 7 | K5+356.76 | 5°43'.8 | $T_H$=127.24 m | |
| 8 | K5+376.76 | 6°52'.5 | $L_H$=251.98 m | |
| YH | K5+388.74 | 7°33'.7 (358°51'.2) | $E_H$=9.66 m | |
| 2' | K5+408.74 | 359°29'.4 | $D_H$=2.50 m | |
| 1' | K5+428.74 | 359°52'.4 | α−2$\beta_0$=15°07'.4 | |
| HZ | K5+448.74 | 0°00'.0 | Δ=1°08'45'' | |

(注:表中箭头方向表示放样时的方向和顺序。)

31.4.8 直角坐标法测设缓和曲线记录表见表 31-2。

表 31－2　偏角法测设缓和曲线

| 点号 | 桩号 | $x$(m) | $y$(m) | 曲线说明 | 备注 |
|---|---|---|---|---|---|
| ZH | K5＋196.76 | 0.00 | 0.00 | $JD=K5＋324.00$ | $l=20$ m |
| 1 | K5＋206.76 | 10.00 | 0.01 | $\alpha$:右 22°00′ | |
| 2 | K5＋216.76 | 20.00 | 0.04 | $R=500$ m | |
| 3 | K5＋226.76 | 30.00 | 0.15 | $l_0=60$ m | |
| 4 | K5＋236.76 | 40.00 | 0.36 | $\beta_0=3°26′.3$ | |
| 5 | K5＋246.76 | 49.99 | 0.69 | $x_H=59.98$ m | |
| HY | K5＋256.76 | 59.98 | 1.20 | $y_H=1.20$ m | |
| 6 | K5＋276.76 | 79.91 | 2.80 | $q=30.00$ m | |
| 7 | K5＋296.76 | 99.77 | 5.19 | $p=0.30$ m | |
| 8 | K5＋316.76 | 119.51 | 8.38 | $T_H=127.24$ m | |
| QZ | K5＋322.75 | 125.40 | 9.48 | $L_H=251.98$ m | |
| 8′ | K5＋328.74 | 119.51 | 8.38 | $E_H=9.66$ m | |
| 7′ | K5＋348.74 | 99.77 | 5.19 | $D_H=2.50$ m | |
| 6′ | K5＋368.74 | 79.91 | 2.80 | | |
| YH | K5＋388.74 | 59.98 | 1.20 | | |
| 5′ | K5＋398.74 | 49.99 | 0.69 | | |
| 4′ | K5＋408.74 | 40.00 | 0.36 | | |
| 3′ | K5＋418.74 | 30.00 | 0.15 | | |
| 2′ | K5＋428.74 | 20.00 | 0.04 | | |
| 1′ | K5＋438.74 | 10.00 | 0.01 | | |
| HZ | K5＋448.74 | 0.00 | 0.00 | | |

（注：表中箭头方向表示放样时的方向和顺序。）

## 31.5　注意事项

31.5.1　计算长度取小数点后两位,小数点后第三位四舍五入。

31.5.2　计算角度取至 0′.1。

## 第四部分

# 《土木工程测量》习题集

## 第一章《绪论》习题

**1.1** 简述测量学的任务及其在土建工程中的作用。

**1.2** 测量的基本工作指的是哪几项？为什么说这些工作是测量的基本工作？

**1.3** 测量工作的组织原则是哪两条,各有什么作用？

**1.4** 何谓水准面？它有什么特性？

**1.5** 何谓大地水准面？说明它在测量上的用途。

**1.6** 用水平面代替水准面对高程和距离各有什么影响？

**1.7** 某地经度为东经 $115°16'$,试求其所在 6°带和 3°带的带号与相应带号内中央子午线的经度是多少？

## 第二章《水准测量》习题

**2.1** 简述望远镜的主要部件及各部件的功能。

**2.2** 什么叫视准轴？什么叫水准管轴？它们各有什么作用？

**2.3** 何谓视差？产生的原因是什么？如何消除？

**2.4** 什么叫水准点,什么叫转点？在测量中水准点和转点有什么区别？

**2.5** 绘图并简要说明水准测量的基本原理、基本要求和方法。

**2.6** 计算表 32-1 中所列水准测量观测记录,求出 BM2 的高程,并进行校核计算。

表 32-1　水准测量观测记录(注:作业纸见第 129 页)

| 测点 | 水准尺读数 | | 高差 $h$(m) | 高程 $H$(m) | 备注 |
|------|------|------|------|------|------|
| | 后视 | 前视 | | | |
| BM1 | 1 764 | | | 21.989 | 已知 |
| TP1 | 1 458 | 0 897 | | | |
| TP2 | 1 215 | 1 841 | | | |

| 测点 | 水准尺读数 | | 高差 $h$(m) | 高程 $H$(m) | 备注 |
|---|---|---|---|---|---|
| | 后视 | 前视 | | | |
| TP3 | 1 542 | 1 738 | | | |
| BM2 | | 0 482 | | | |
| 检查计算 | $\sum a=$ | $\sum b=$ | $\sum h=$ | $H_2-H_1=$ | |
| | $\sum a - \sum b=$ | | | | |

**2.7** 水准仪上圆水准器和水准管的作用有何不同?

**2.8** 水准测量时,选择测站位置和转点位置时要考虑哪些问题?

**2.9** 调整表 32-2 中普通附合水准路线的观测成果,计算出各点高程。已知 $H_1=37.967$ m,$H_2=31.859$ m,$f_{h容}=\pm 40\sqrt{L}$ mm。

**表 32-2　普通水准附合水准路线观测成果(注:作业纸见第 129 页)**

| 测段编号 | 点名 | 距离(km) | 高差 $h$(m) | | | 高程 $H$(m) |
|---|---|---|---|---|---|---|
| | | | 实测 | 改正数 | 改正后 | |
| | BM1 | | | | | 37.967 |
| 1 | | 1.24 | 14.217 | | | |
| 2 | I | 0.81 | 11.043 | | | |
| 3 | II | 0.95 | −12.598 | | | |
| 4 | III | 0.56 | 8.487 | | | |
| 5 | IV | 1.36 | −16.743 | | | |
| 6 | V | 0.48 | −10.460 | | | |
| | BM2 | | | | | 31.859 |
| | Σ | | | | | |
| 备注 | $\sum h_理 = H_2 - H_1 =$　　　$\sum h_测 =$<br>$f_h =$　　　$f_{h容} =$ | | | | | |

**2.10** 调整表 32-3 中普通闭合水准路线的观测成果,计算出各点高程。已知 $H_{51}=44.335$ m,$f_{h容}=\pm 12\sqrt{n}$ mm。

表 32－3　普通水准闭合水准线路观测成果(注:作业纸见第 131 页)

| 测段编号 | 点名 | 测站数 | 高差 $h$(m) | | | 高程 $H$(m) |
| --- | --- | --- | --- | --- | --- | --- |
| | | | 实测 | 改正数 | 改正后 | |
| 1 | BM51 | 10 | 12.431 | | | 44.335 |
| 2 | Ⅰ | 12 | −20.567 | | | |
| 3 | Ⅱ | 9 | −8.386 | | | |
| 4 | Ⅲ | 11 | 6.213 | | | |
| 5 | Ⅳ | 14 | 10.337 | | | |
| | BM51 | | | | | 44.335 |
| | | | | | | |
| | $\sum$ | | | | | |
| 备注 | $\sum h_{理}=$ <br> $f_h=$ | | | $\sum h_{测}=$ <br> $f_{h容}=$ | | |

**2.11**　水准测量时,为什么要求前视距离和后视距离要尽量相等?

**2.12**　试从观测、立尺、记录诸方面说明水准测量的注意事项。

**2.13**　水准仪上有哪几条轴线?它们之间应满足什么条件?其中什么是主要条件?为什么?

**2.14**　将水准仪安置在离 $A$、$B$ 两点等距离处,得 $A$ 尺上读数 $a_1=1.428$ m,$B$ 尺上读数 $b_1=1.247$ m。将仪器移到 $B$ 点近旁,在 $B$ 尺上读数 $b_2=1.468$ m,$A$ 尺上读数 $a_2=1.642$ m,$A$、$B$ 相距 80 m。试问:水准管轴是否平行于视准轴?若不平行,视线是上倾还是下倾?$i$ 角是多少?校正时的正确读数是多少?请作示意图。

# 第三章《角度测量》习题

**3.1**　简要说明 $DJ_6$ 型光学经纬仪有哪些主要部件,各有什么作用?

**3.2**　说明水平角观测中"读数"与"角度"的关系。

**3.3**　简要叙述用测回法观测水平角(右角)的操作程序与注意事项。(绘图示意)

**3.4**　整理表 32－4 中用 $DJ_6$ 型光学经纬仪进行测回法观测水平角(右角)的记录数据。

表 32－4　水平角观测记录(注:作业纸见第 131 页)

| 测站 | 目标 | 竖盘位置 | 水平盘读数 (°　′) | 水平角 (°　′) | 平均水平角 (°　′　″) | 备注 |
|---|---|---|---|---|---|---|
| 2 | 3 | L | 171°43′.8 | | | |
| | 1 | | 237°18′.4 | | | |
| | 3 | R | 351°43′.9 | | | |
| | 1 | | 57°18′.2 | | | |
| 3 | 4 | L | 158°56′.5 | | | |
| | 2 | | 304°08′.6 | | | |
| | 4 | R | 338°55′.6 | | | |
| | 2 | | 124°08′.7 | | | |

**3.5**　观测水平角时产生误差的主要来源有哪些?

**3.6**　采用测回法观测水平角,能消除哪些仪器误差对水平角的影响?

**3.7**　什么叫竖直角? 水平角观测和竖直角观测有哪些共同点与不同点?

**3.8**　观测竖直角时,竖盘指标水准管起什么作用?

**3.9**　整理表 32－5 中用 $DJ_6$ 型光学经纬仪进行测回法观测竖直角的记录数据。

表 32－5　竖直角观测记录(注:作业纸见第 133 页)

| 测站 | 目标 | 竖盘位置 | 竖盘读数 (°　′) | 竖直角 (°　′) | 竖盘指标差 (″) | 平均竖直角 (°　′　″) | 备注 |
|---|---|---|---|---|---|---|---|
| A | 1 | L | 72°18′.8 | | | | |
| | | R | 287°41′.0 | | | | |
| | 2 | L | 96°33′.8 | | | | |
| | | R | 263°26′.1 | | | | |
| | 3 | L | 101°51′.2 | | | | |
| | | R | 258°08′.5 | | | | |
| | 4 | L | 99°41′.7 | | | | |
| | | R | 260°19′.5 | | | | |

**3.10**　经纬仪上有哪些主要轴线? 它们之间应满足什么条件? 为什么要满足这些条件?

**3.11**　观测水平角和竖直角时,为什么要采用盘左、盘右观测(测回法)? 此法能否消除由于仪器纵轴倾斜引起的测角误差?

**3.12**　检验视准轴垂直于横轴时,为什么目标要选择与仪器同高度的远方点? 而在检验横轴垂直于仪器竖轴时,为什么目标要尽量选得高一些?

# 第四章《距离测量》习题

**4.1** 某一名义长度为 20.000 m 的钢尺,在温度 $t_0 = 20℃$ 时,检定长度为 20.006 m。今用它来丈量某斜坡上 $A$、$B$ 两点的距离,往测得 $L_1 = 126.426$ m,返测得 $L_2 = 126.450$ m。已知测量时温度为 35℃,$A$、$B$ 间高差 $h_{AB} = -3.60$ m,试计算:

(1) 相对误差 $K$;(2) $A$、$B$ 两点间的实际水平距离 $D_{AB}$。

**4.2** 根据表 32-6 中视距测量观测记录,计算测站 $A$ 至各地形点的水平距离、高差和各点的高程。高程与平距取位至 cm。已知:$x = 0''$,仪器高 $i = 1.51$ m,$H_A = 30.00$ m,$h = h' + i - v$。

表 32-6 视距测量观测记录(注:作业纸见第 133 页)

| 测站 | 目标 | 上丝读数 下丝读数 | 视距间隔 $l$ | 竖盘读数 | 竖直角 $\alpha$ | 平距 $D$(m) | 高差 $h$(m) | 高程 $H$(m) | 中丝读数 $v$ |
|---|---|---|---|---|---|---|---|---|---|
| $A$ | | | | | | | | 30.00 | |
| | 1 | 1 948 1 072 | | 83°18′ | | | | | 1.51 |
| | 2 | 2 134 0 886 | | 87°36′ | | | | | 1.51 |
| | 3 | 1 786 1 234 | | 82°04′ | | | | | 1.51 |
| | 4 | 2 070 1 450 | | 81°13′ | | | | | 1.76 |
| | 5 | 1 776 1 224 | | 93°48′ | | | | | 1.51 |
| | 6 | 2 048 0 972 | | 96°12′ | | | | | 1.51 |
| | 7 | 1 996 1 024 | | 97°58′ | | | | | 1.51 |
| | 8 | 2 375 1 625 | | 94°25′ | | | | | 2.00 |

**4.3** 视距测量的公式有:(1) $D = Kl$;(2) $D = Kl\cos^2\alpha$;(3) $h = \frac{1}{2}Kl\sin 2\alpha$;

(4) $h = \dfrac{1}{2} Kl\sin 2\alpha + i - v$。说明各公式在什么情况下应用。

**4.4** 已知某光电测距仪的仪器标称精度是 $\pm(5\ \text{mm} + 5\ \text{ppm} \cdot D)$。请解释仪器标称精度的具体含义。若用此测距仪观测距离 $D = 600\ \text{m}$，试估算距离测量中误差和相对误差。

# 第五章《测量误差基本知识》习题

**5.1** 怎样区分测量工作中的错误和误差？

**5.2** 偶然误差和系统误差有什么不同？偶然误差有哪些统计特性？

**5.3** 为什么说观测值的算术平均值是最可靠值？

**5.4** 说明在什么情况下采用绝对误差衡量测量的精度？在什么情况下则用相对误差衡量测量的精度？

**5.5** 用中误差作为衡量精度的标准，有什么优点？

**5.6** 某直线段丈量了四次，其结果为：124.387 m、124.375 m、124.391 m、124.385 m。试计算其算术平均值、观测值的中误差、算术平均值的中误差和相对误差。

**5.7** 用 $DJ_6$ 型光学经纬仪对某水平角进行了五个测回观测，其角值为：$132°18'12''$、$132°18'09''$、$132°18'18''$、$132°18'15''$、$132°18'06''$。试计算其算术平均值、观测值的中误差和算术平均值的中误差。

**5.8** 在一个三角形中，观测了两个内角 $\alpha$ 和 $\beta$，其中误差为 $m_\alpha = \pm 6''$，$m_\beta = \pm 8''$，试求第三个角度 $\gamma$ 的中误差 $m_\gamma$。

**5.9** 设在图上量得某一圆的半径 $R = (36.7 \pm 0.2)\ \text{mm}$，试求圆周长及其中误差、圆面积及其中误差。

**5.10** 有一长方形，测得其长为 $(25.000 \pm 0.005)\ \text{m}$，宽为 $(20.000 \pm 0.004)\ \text{m}$。试求该长方形的面积及其中误差。

**5.11** 如图 32-1 中所示，从已知水准点 BM1、BM2、BM3 出发，分别沿三条路线测量结点 $A$ 的高程。求 $H_A$ 的最或然值及其中误差。

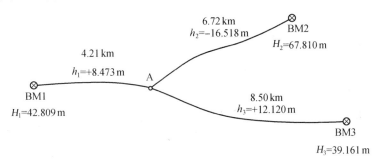

图 32-1　水准测量数据

# 第六章《小地区控制测量》习题

**6.1** 解释下列名词:真子午线、磁子午线、方位角、象限角、方向角。

**6.2** 真方位角和磁方位角之间、正方位角和反方位角之间、正象限角和反象限角之间,各存在什么关系?

**6.3** 测得 $AB$ 的磁方位角为 $60°45'$,查得当地磁偏角 $\delta$ 为西偏 $4°03'$,子午线收敛角 $\gamma$ 为 $+2°16'$,试求 $AB$ 的真方位角 $A_{AB}$ 和坐标方位角 $\alpha_{AB}$。

**6.4** 图 32-2 中,已知:1—2 边的坐标方位角 $\alpha_{1-2}=30°15'$,多边形的各内角为 $\beta_1=93°18'$,$\beta_2=118°26'$,$\beta_3=75°33'$,$\beta_4=129°07'$,$\beta_5=123°36'$。试计算出其他各边的方位角,并换算成象限角。注意校核计算。

**6.5** 图 32-3 中,已知:1—2 边的坐标方位角 $\alpha_{1-2}=78°45'$,$\beta_2=204°30'$,$\beta_3=135°45'$。试求 2—3 与 3—4 边的坐标方位角,并换算成象限角。

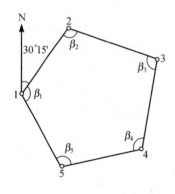

图 32-2 多边形方位角推算　　　　图 32-3 方位角推算

**6.6** 什么叫控制点?什么叫控制测量?

**6.7** 什么叫碎部点?什么叫碎部测量?

**6.8** 选择测图控制点(导线点)应注意哪些问题?

**6.9** 测绘地形图(或进行测设)为什么要先建立控制网?控制网分为哪几种?

**6.10** 闭合导线 12345 中,按表 32-7 中已知数据,计算闭合导线各点的坐标值。

**6.11** 附合导线 AB123PQ 中,A、B、P、Q 为高等级控制点,按表 32-8 中已知数据,计算附合导线中 1、2、3 点的坐标值。

**6.12** 绘制一张 30 cm×30 cm 坐标方格网,然后用 1∶1 000 比例尺展绘 6.10 题闭合导线图。图幅西南角坐标为 $X=500.00$ m,$Y=500.000$ m。

**6.13** 已知 $A$ 点高程 $H_A=182.230$ m,在 $A$ 点观测 $B$ 点得竖直角为 $18°36'48''$,

量得 $A$ 点仪器高为 1.450 m，$B$ 点觇标高为 3.000 m。在 $B$ 点观测 $A$ 点得竖直角为 $-18°17'18''$，$B$ 点仪器高为 1.460 m，$A$ 点觇标高为 3.000 m，$AB$ 两点间平距为 486.75 m，试求 $h_{AB}$ 和 $H_B$。

**6.14** 整理表 32-9 中四等水准测量观测数据，并计算出 BM2 的高程。

表 32 - 7　闭合导线坐标计算表(注:作业纸见第 135 页)

| 点号 | 角度观测值 (° ′ ″) | 改正后角度 (° ′ ″) | 坐标方位角 (° ′ ″) | 水平距离 (m) | 坐标增量 | | 改正后增量 | | 坐标 | |
|---|---|---|---|---|---|---|---|---|---|---|
| | | | | | $\Delta x$(m) | $\Delta y$(m) | $\Delta x$(m) | $\Delta y$(m) | $x$(m) | $y$(m) |
| (1) | (2) | (3) | (4) | (5) | (6) | (7) | (8) | (9) | (10) | (11) |
| 1 | (右角) | | 342°45′00″ | | | | | | 550.000 | 600.000 |
| 2 | 139°04′56″ | | | 103.853 | | | | | | |
| 3 | 94°15′50″ | | | 114.621 | | | | | | |
| 4 | 88°36′32″ | | | 162.458 | | | | | | |
| 5 | 122°39′26″ | | | 133.477 | | | | | | |
| 1 | 95°23′26″ | | | 123.678 | | | | | | |
| 2 | | | — | | | | | | — | — |
| Σ | | | — | | | | | | | |

$f_\beta = \Sigma\beta - \Sigma\beta_{理} =$　　　　　$\Sigma D =$　　　　　$f_x =$　　　　　$f_y =$

$f_{\beta 容} = \pm 10''\sqrt{n} =$　　　　　$f =$　　　　　$K = f / \Sigma D =$

表 32-8 附合导线坐标计算表（注：作业纸见第 137 页）

| 点号 | 角度观测值 (° ′ ″) | 改正后角度 (° ′ ″) | 坐标方位角 (° ′ ″) | 水平距离 (m) | 坐标增量 | | 改正后增量 | | 坐标 | |
|---|---|---|---|---|---|---|---|---|---|---|
| | | | | | $\Delta x$(m) | $\Delta y$(m) | $\Delta x$(m) | $\Delta y$(m) | $x$(m) | $y$(m) |
| (1) | (2) | (3) | (4) | (5) | (6) | (7) | (8) | (9) | (10) | (11) |
| A | （左角） | | 48°48′48″ | | | | | | | |
| B | 271°36′26″ | | | 118.088 | | | | | 1 438.381 | 4 973.667 |
| 1 | 94°18′08″ | | | 172.343 | | | | | | |
| 2 | 101°05′56″ | | | 142.788 | | | | | | |
| 3 | 267°24′14″ | | | 185.668 | | | | | | |
| P | 88°12′02″ | | 331°25′24″ | | | | | | 1 660.834 | 5 296.856 |
| Q | | | — | | | | | | — | — |
| Σ | | | | | | | | | | |

$f_\beta = \Sigma\beta - \Sigma\beta_{理} =$　　　　$\Sigma D =$　　　　$f_x =$　　　　$f_y =$

$f_{\beta容} = \pm10''\sqrt{n} =$　　　　$f =$　　　　$K = f/\Sigma D =$

表32-9 四等水准测量观测记录(注:作业纸见第139页)

| 测站号 | 点号 / 视距差 d/∑d | 后视 上丝/下丝/视距 | 前视 上丝/下丝/视距 | 方向 | 中丝读数 黑面 | 中丝读数 红面 | 黑+K-红(mm) | 平均高差(m) | 高程H(m) |
|---|---|---|---|---|---|---|---|---|---|
| 1 | BM1~TP1 | 1 979 | 0 738 | 后 | 1 718 | 6 405 | 0 | | 21.404 |
| | | 1 457 | 0 214 | 前 | 0 476 | 5 265 | -2 | 1.241 | — |
| | -0.2/-0.2 | 52.2 | 52.4 | 后-前 | 1.242 | 1.140 | 2 | | |
| 2 | TP1~TP2 | 2 739 | 0 965 | 后 | 2 461 | 7 247 | | | |
| | | 2 183 | 0 401 | 前 | 0 683 | 5 370 | | | — |
| | / | | | 后-前 | | | | | |
| 3 | TP2~TP3 | 1 918 | 1 870 | 后 | 1 604 | 6 291 | | | |
| | | 1 290 | 1 226 | 前 | 1 548 | 6 336 | | | — |
| | / | | | 后-前 | | | | | |
| 4 | TP3~TP4 | 1 088 | 2 388 | 后 | 0 742 | 5 528 | | | |
| | | 0 396 | 1 708 | 前 | 2 048 | 6 736 | | | — |
| | / | | | 后-前 | | | | | |
| 5 | TP4~BM2 | 1 656 | 2 867 | 后 | 1 402 | 6 090 | | | |
| | | 1 148 | 2 367 | 前 | 2 617 | 7 404 | | | — |
| | / | | | 后-前 | | | | | |
| 检查计算 | $\sum D_{后视}=$ <br> $\sum D_{前视}=$ <br> $\sum d=$ | | $\sum 后视 =$ <br> $\sum 前视 =$ <br> $\sum 后视 - \sum 前视 =$ | | $\sum h =$ | | | $\sum h_{平均}=$ <br> $2\sum h_{平均}=$ | |

# 第七章《地形图的测绘》习题

**7.1** 什么是比例尺的精度?它在测绘工作中有何作用?

**7.2** 试将某地A点(东经118°46′,北纬32°03′)所在1:5 000～1:1 000 000 地形图的图幅号码分别算出来。

**7.3** 试写出A点($x_A=55.742$ km,$y_A=69.874$ km)所在1:5 000图幅号码 及54-68-Ⅱ的东邻与北邻的1:2 000地形图的图幅号码。

**7.4** 地物符号有几种?各有何特点?

**7.5** 何谓等高线?在同一幅图上等高距(等高线间隔)、等高线平距与地面坡度三者间的关系如何?

**7.6** 等高线具有哪些基本特性?

**7.7** 简述在一个测站上碎部测量的工作步骤。

**7.8** 如图 32 - 4,请根据地形点的高程用目估法勾绘等高线,等高线间隔 $h$ 取 1 m。(图中点划线表示山脊线,虚线表示山谷线。)

(注:作业纸见第 141 页)

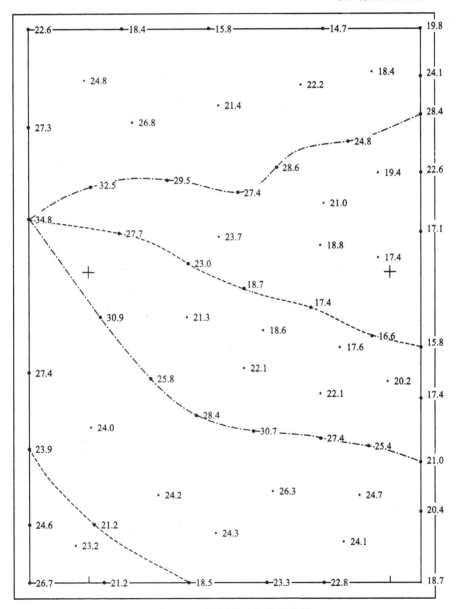

图 32 - 4　用目估法勾绘等高线

# 第八章《地形图的应用》习题

**8.1** 什么叫土方平衡原则？平整场地时,如何使土方平衡？

**8.2** 图 32-5 为 1:2 000 比例尺的地形图,等高距为 1 m,请根据图纸进行计算:

(1) 根据附图量出 D 点与 C 点的高程,并确定 DC 的地面坡度 $i_{DC}$。

(2) 自图上的 A 点起,至山头导线点 61,选定一条坡度为 5% 的路线。

(3) 绘出地形图上 MN 方向断面图(注:平距比例尺取 1:2 000,高程比例尺取 1:200)。

(4) 量出导线点 61 和三角点 08 的坐标值,再根据坐标值计算出两点间的水平距离 $D_{61-08}$ 和方位角 $\alpha_{61-08}$。

(5) 绘出水坝轴线 AB 的汇水面积周界,并计算出汇水面积(单位分别换算成 $m^2$、公顷、亩)。

# 第九章《测设的基本工作》习题

**9.1** 测设的基本工作有哪几项？它与测定有何不同？

**9.2** 测设点位平面位置的基本方法有几种？各适用于什么情况？

**9.3** 要在地面上用钢尺精确地测设已知长度的线段,要考虑哪些因素？

**9.4** 要在坡度一致的倾斜地面上设置水平距离为 126.000 m 的线段,已知线段两端的高差为 3.6 m(预先测定的),所用 30 m 钢尺的检定长度是 29.993 m,测设时的温度比检定时的温度低 20℃,试计算用这根钢尺应放设的倾斜长度。

**9.5** 如何用测回法测设给定数值的水平角？

**9.6** 测设出直角 AOB,并用多个测回测得其平均角值为 90°00′48″,又知 OB 的长度为 150.000 m,问在垂直于 OB 的方向上,B 点应该向何方向移动多少距离才能得到 90°00′00″ 的角？

**9.7** 已知:$\alpha_{AB}=300°04′00″$,$x_A=14.22$ m,$y_A=86.71$ m;$x_1=34.22$ m,$y_1=66.71$ m;$x_2=54.14$ m,$y_2=101.40$ m。现将仪器安置于 A 点,用 B 点定向,利用极坐标法测设 1、2 两点,请计算测设数据,并计算出检核角与边的数值。

**9.8** 有一半圆形的建筑物需要放样,测量控制点及测设点的坐标分别如表 32-10 所示。

表 32-10    极坐标放样计算(注:作业纸见第 145 页)

| 点号 | A | B | 1# | 2# | 3# | 4# | 5# | 6# | 7# | 8# |
|---|---|---|---|---|---|---|---|---|---|---|
| $x$ | 697.687 | 491.749 | 503.000 | 502.598 | 501.500 | 500.000 | 498.500 | 497.402 | 497.000 | 500.000 |
| $y$ | 202.042 | 202.014 | 200.000 | 201.500 | 202.598 | 203.000 | 202.598 | 201.500 | 200.000 | 200.000 |

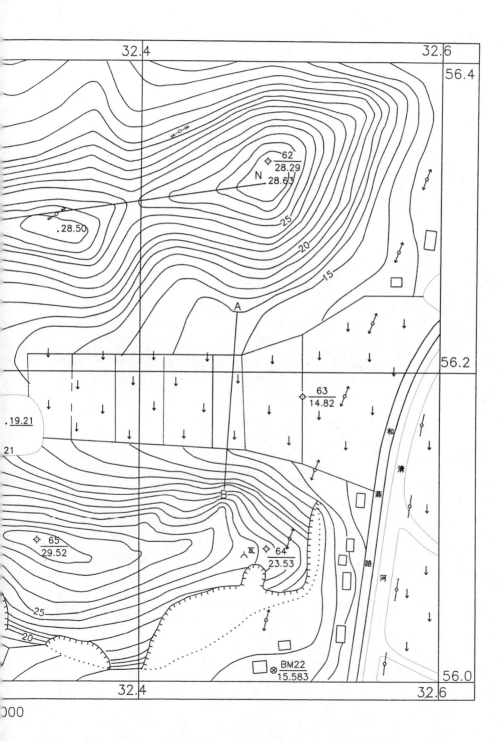

32.4 · · · · · 32.6

56.4

N
62
28.29
28.63

.28.50

25
20
15

A

56.2

63
14.82

.19.21

21

和
清
燕
路
河

B

65
29.52

瓦
64
23.53

25
20

BM22
15.583

32.4 · · · · · 32.6

56.0

000

比例尺 1:2

现准备将仪器安置于 $B$ 点,用 $A$ 点定向,利用极坐标法测设 1# ～ 8# 点:(1) 请作大致点位示意图;(2) 试求测设数据;(3) 简述测设过程;(4) 计算 $D_{1-8}$、$D_{7-8}$ 以备现场抽查用;(5) 有条件的同学可自己编写放样程序。

**9.9** 利用高程为 $9.531$ m 的水准点,要测设高程为 $9.800$ m 的室内 $\pm 0.000$ 标高。设用一木杆立在水准点上时,按水准仪水平视线在木杆上画一条线,问:在此木杆上什么位置再画一条线才能使视线对准此线时,木杆底部就是 $\pm 0.000$ 标高位置?

# 第十章《建筑施工测量》习题

**10.1** 如何根据建筑方格网作建筑物的定位放线? 为什么要设置龙门板或轴线桩?

**10.2** 厂房主轴线及矩形控制网如何测设? 如图 32-6 所示,测得 $\beta = 180°00'42''$。设计图中 $a = 150.000$ m,$b = 100.000$ m,试求 $A'$、$O'$、$B'$ 三点的调整移动量。

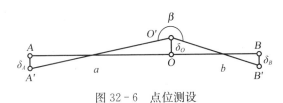

图 32-6 点位测设

**10.3** 吊装钢筋混凝土柱有何要求? 如何测量校正?

**10.4** 如何控制吊车梁吊装时的轴线位置和高程?

**10.5** 叙述建筑物沉降观测的目的和方法。

**10.6** 为什么要编制竣工总平面图? 竣工总平面图包括哪些内容? 编制时应注意哪些问题?

# 第十一章《道路、桥梁和隧道施工测量》习题

**11.1** 路线和管线的中线测量包括哪些内容? 桩号 $K2+384.64$ 表示什么意思?

**11.2** 设有两切线 $AV$、$VB$,如图 30-1 所示,今欲于其间设置半径 $R = 200$ m 的圆曲线。已知其偏角为右偏 $\alpha = 28°28'$,$JD$ 桩号为 $K4+332.76$。

(1) 计算曲线诸元素:$T$、$L$、$E$、$D$。

(2) 计算圆曲线上各主点里程桩桩号,并注意计算校核。

(3) 取单位弧长为 $10$ m,计算单位弦长、圆曲线上各副点的偏角。

(4) 取单位弧长为 $10$ m,计算圆曲线上各副点的直角坐标。

**11.3** 整理表 32-11 中路线纵断面水准测量观测记录,并绘制断面图。$f_{h容} = \pm 40\sqrt{L}$ mm。起点设计高程为 19.20 m,设计坡度规定如下:$K0+000 \sim K0+200$ 为 $-1\%$,$K0+200 \sim K0+300$ 为 $+2\%$,$K0+300 \sim K0+400$ 为 $+0.5\%$。比例尺:平距 1:2 000,高程 1:100。竖曲线半径分别为 2 000 m 和 3 000 m。

**表 32-11 路线纵断面水准测量记录(注:作业纸见第 147 页)**

| 点号 | 桩号 | 水准尺读数 | | | 高差(m) | 视线高(m) | 高程(m) |
|------|------|------|------|------|------|------|------|
| | | 后视 | 间视 | 前视 | | | |
| BM1 | | 0 831 | | | | | 20.000 |
| | K0+000 | | 1 850 | | | | |
| | K0+020 | | 1 560 | | | | |
| | K0+040 | | 2 380 | | | | |
| | K0+060 | | 2 790 | | | | |
| | K0+080 | | 2 920 | | | | |
| | K0+091.5 | | 2 670 | | | | |
| TP1 | K0+100 | 0 445 | | 2 539 | | | |
| | K0+120 | | 1 100 | | | | |
| | K0+140 | | 0 350 | | | | |
| | K0+152.3 | | 1 540 | | | | |
| | K0+160 | | 1 610 | | | | |
| | K0+180 | | 0 780 | | | | |
| | K0+200 | | 1 860 | | | | |
| TP2 | K0+220 | 2 801 | | 1 364 | | | |
| | K0+230.4 | | 1 630 | | | | |
| | K0+240 | | 1 570 | | | | |
| | K0+260 | | 1 580 | | | | |
| | K0+280 | | 2 030 | | | | |
| TP3 | K0+300 | 2 685 | | 1 909 | | | |
| | K0+320 | | 1 530 | | | | |
| | K0+335.5 | | 1 640 | | | | |
| | K0+340 | | 1 830 | | | | |
| | K0+360 | | 2 040 | | | | |

| 点号 | 桩号 | 水准尺读数 | | | 高差 (m) | 视线高 (m) | 高程 (m) |
|------|------|------|------|------|--------|--------|--------|
| | | 后视 | 间视 | 前视 | | | |
| | K0+380 | | 1 950 | | | | |
| | K0+400 | | 2 130 | | | | |
| BM2 | | | | 1 644 | | | 19.300 |
| | Σ | | | | | | |

**11.4** 根据表 32 - 12 中所列各转角桩号、偏角和圆曲线半径,整理直线、曲线与转角一览表。$\alpha_{01} = 84°15'$。

表 32 - 12 直线、曲线与转角一览表

| 转角点 | 转角点里程桩桩号 | 偏角 | | 曲线元素 | | | | |
|------|------|------|------|------|------|------|------|------|
| | | 左($\alpha$) | 右($\alpha'$) | $R$ (m) | $T$ (m) | $L$ (m) | $E$ (m) | $D$ (m) |
| JD0 | K0+000.00 | | | | | | | |
| JD1 | K0+316.04 | | 16°50′ | 500 | | | | |
| JD2 | K0+662.12 | | 5°18′ | 800 | | | | |
| JD3 | K1+442.32 | | 10°49′ | 1 200 | | | | |
| JD4 | K1+792.93 | | 14°07′ | 1 000 | | | | |
| JD5 | K2+131.80 | 26°41′ | | 300 | | | | |
| JD6 | K2+346.82 | | | | | | | |
| Σ | | | | | | | | |

**11.5** 设有两切线 $AV$、$VB$,如图 31 - 1 所示,以半径等于 300 m 的圆曲线将 $AV$、$VB$ 连接,在圆曲线两端各设置一段长度为 60 m 的缓和曲线。已知其偏角为右偏 $\alpha = 19°28'$,$JD$ 桩号为 K3+737.55。

(1) 计算曲线诸元素:$T_H$、$L_H$、$E_H$、$D_H$。

(2) 计算带有缓和曲线的圆曲线上各主点里程桩桩号,并注意计算校核。

(3) 取单位弧长为 20 m,计算曲线上各副点的偏角。

(4) 取单位弧长为 20 m,计算曲线上各副点的直角坐标。

# 第十二章《测绘新技术简介》习题

**12.1** 电子水准仪有哪些优点?

**12.2** 什么是全站型电子速测仪(全站仪)? 它由几部分组成? 从结构上分为哪两大类?

**12.3** 数字测图系统中,对于地形数据的采集常用的方法有哪几种?

**12.4** GPS 全球卫星定位系统由几部分组成?

**12.5** 什么是静态定位? 单点定位时为什么要至少同时观测四颗卫星?

# 附录一　地形图图式

| 编号 | 符号名称 | 图　例 | 编号 | 符号名称 | 图　例 |
|---|---|---|---|---|---|
| 1 | 坚固房屋<br>4 - 房屋层数 | 坚4 　　1.5 | 11 | 灌木林 | 0.5　1.0 |
| 2 | 普通房屋<br>2 - 房屋层数 | 2 　　1.5 | 12 | 菜　地 | 2.0　2.0　10.0　10.0 |
| 3 | 窑洞<br>1 - 住人的<br>2 - 不住人的<br>3 - 地面下的 | 1　2.5　2<br>2.0<br>3 | 13 | 高压线 | 4.0 |
| 4 | 台　阶 | 0.5<br>0.5　0.5 | 14 | 低压线 | 4.0 |
| 5 | 花　圃 | 1.5<br>1.5　10.0<br>10.0 | 15 | 电　杆 | 1.0　o |
| 6 | 草　地 | 1.5<br>0.8　10.0<br>10.0 | 16 | 电线架 | |
| 7 | 经济作物地 | 0.8　3.0<br>蔗<br>10.0<br>10.0 | 17 | 砖、石及混凝土围墙 | 10.0　10.0<br>0.5 |
| 8 | 水生经济作物地 | 藕<br>3.0<br>0.5 | 18 | 土围墙 | 0.5<br>10.0　0.3 |
| 9 | 水稻田 | 0.2<br>2.0<br>10.0<br>10.0 | 19 | 栅栏、栏杆 | 1.0<br>10.0 |
| 10 | 旱　地 | 1.0<br>2.0<br>10.0<br>10.0 | 20 | 篱笆 | 1.0<br>10.0 |

| 编号 | 符号名称 | 图 例 | 编号 | 符号名称 | 图 例 |
|---|---|---|---|---|---|
| 21 | 活树篱笆 | 3.5 0.5 10.0 ●●◦◦◦●◦◦◦●◦◦●● 1.0 0.8 | 31 | 水 塔 | 2.0 3.0 ⊟ :1.0 1.2 |
| 22 | 沟 渠 1-有堤岸的 2-一般的 3-有沟堑的 | 1 →→ 2 →→ 0.3 3 →→ | 32 | 烟 囱 | 3.5 1.0 |
| | | | 33 | 气象站(台) | 3.0 4.0 1.2 |
| 23 | 公 路 | 0.3 沥:砾 0.3 | 34 | 消火栓 | 1.5 1.5 2.0 |
| 24 | 简易公路 | 8.0 2.0 | 35 | 阀 门 | 1.5 1.5 2.0 |
| 25 | 大车路 | 0.15 碎石 0.3 | 36 | 水龙头 | 3.5 2.0 1.2 |
| 26 | 小 路 | 4.0 1.0 0.3 | 37 | 钻 孔 | 3.0 ⊙ 1.0 |
| 27 | 三角点 凤凰山-点名 394.468-高程 | ▲ 凤凰山 394.468 3.0 | 39 | 独立树 1-阔叶 2-针叶 | 1 1.5 3.0 0.7 2 3.0 0.7 |
| 28 | 图根点 1-埋石的 2-不埋石的 | 1 2.0 ⊡ N16 84.46 2 1.5 D25 62.74 2.5 | 40 | 岗亭、岗楼 | 90° 3.0 1.5 |
| | | | 41 | 等高线 1-首曲线 2-计曲线 3-间曲线 | 0.15 87 1 0.3 85 2 0.15 6.0 3 1.0 |
| 29 | 水准点 | 2.0 ⊗ Ⅱ京石5 32.804 | | | |
| 30 | 旗 杆 | 1.5 4.0 ⊟ 1.0 1.0 | 42 | 高程点及 其注记 | 0.5 •158.3 ♣65.6 |

128

# 附录二 《土木工程测量》习题作业纸

姓名：_____ 学号：_____ 日期：_____ 评分：_____

**2.6题**　　　　　　　表 32－1　水准测量观测记录

| 测点 | 水准尺读数 | | 高差 h(m) | 高程 H(m) | 备注 |
|---|---|---|---|---|---|
| | 后视 | 前视 | | | |
| BM1 | 1 764 | | | 21.989 | 已知 |
| TP1 | 1 458 | 0 897 | | | |
| TP2 | 1 215 | 1 841 | | | |
| TP3 | 1 542 | 1 738 | | | |
| BM2 | | 0 482 | | | |
| 检查计算 | $\sum a=$ | $\sum b=$ | $\sum h=$ | $H_2-H_1=$ | |
| | $\sum a-\sum b=$ | | | | |

**2.9题**　　　　　　　表 32－2　普通水准附合水准路线观测成果

| 测段编号 | 点名 | 距离 (km) | 高差 h(m) | | | 高程 H(m) |
|---|---|---|---|---|---|---|
| | | | 实测 | 改正数 | 改正后 | |
| | BM1 | | | | | 37.967 |
| 1 | I | 1.24 | 14.217 | | | |
| 2 | II | 0.81 | 11.043 | | | |
| 3 | III | 0.95 | −12.598 | | | |
| 4 | IV | 0.56 | 8.487 | | | |
| 5 | V | 1.36 | −16.743 | | | |
| 6 | BM2 | 0.48 | −10.460 | | | 31.859 |
| | $\sum$ | | | | | |
| 备注 | $\sum h_{理}=H_2-H_1=$　　　$\sum h_{测}=$　　$f_h=$　　　$f_{h容}=$ | | | | | |

沿此虚线裁剪

姓名：_____ 学号：_____ 日期：_____ 评分：_____

2.10题　　　　表32-3　普通水准闭合水准线路观测成果

| 测段编号 | 点名 | 测站数 | 高差 h（m） | | | 高程 H（m） |
|---|---|---|---|---|---|---|
| | | | 实测 | 改正数 | 改正后 | |
| | BM51 | | | | | 44.335 |
| 1 | Ⅰ | 10 | 12.431 | | | |
| 2 | Ⅱ | 12 | −20.567 | | | |
| 3 | Ⅲ | 9 | −8.386 | | | |
| 4 | Ⅳ | 11 | 6.213 | | | |
| 5 | BM51 | 14 | 10.337 | | | 44.335 |
| | Σ | | | | | |
| 备注 | $\sum h_{理}=$ 　　 $f_h=$ | | $\sum h_{测}=$ 　　 $f_{h容}=$ | | | |

3.4题　　　　表32-4　水平角观测记录

| 测站 | 目标 | 竖盘位置 | 水平盘读数（° ′） | 水平角（° ′） | 平均水平角（° ′ ″） | 备注 |
|---|---|---|---|---|---|---|
| 2 | 3 | L | 171°43′.8 | | | |
| | 1 | | 237°18′.4 | | | |
| | 3 | R | 351°43′.9 | | | |
| | 1 | | 57°18′.2 | | | |
| 3 | 4 | L | 158°56′.5 | | | |
| | 2 | | 304°08′.6 | | | |
| | 4 | R | 338°55′.6 | | | |
| | 2 | | 124°08′.7 | | | |

姓名：_____ 学号：_____ 日期：_____ 评分：_____

**3.9题**　　　　　　　　　　表32－5　竖直角观测记录

| 测站 | 目标 | 竖盘位置 | 竖盘读数(° ′) | 竖直角(° ′) | 竖盘指标差(″) | 平均竖直角(° ′ ″) | 备注 |
|---|---|---|---|---|---|---|---|
| A | 1 | L | 72°18′.8 | | | | |
| | | R | 278°41′.0 | | | | |
| | 2 | L | 96°33′.8 | | | | |
| | | R | 263°26′.1 | | | | |
| | 3 | L | 101°51′.2 | | | | |
| | | R | 258°08′.5 | | | | |
| | 4 | L | 99°41′.7 | | | | |
| | | R | 260°19′.5 | | | | |

**4.2题**　　　　　　　　　　表32－6　视距测量观测记录

| 测站 | 目标 | 上丝读数／下丝读数 | 视距间隔 l | 竖盘读数 | 竖直角 α | 平距 D(m) | 高差 h(m) | 高程 H(m) | 中丝读数 v |
|---|---|---|---|---|---|---|---|---|---|
| A | | | | | | | | 30.00 | |
| | 1 | 1 948 / 1 072 | | 83°18′ | | | | | 1.51 |
| | 2 | 2 134 / 0 886 | | 87°36′ | | | | | 1.51 |
| | 3 | 1 786 / 1 234 | | 82°04′ | | | | | 1.51 |
| | 4 | 2 070 / 1 450 | | 81°13′ | | | | | 1.76 |
| | 5 | 1 776 / 1 224 | | 93°48′ | | | | | 1.51 |
| | 6 | 2 048 / 0 972 | | 96°12′ | | | | | 1.51 |
| | 7 | 1 996 / 1 024 | | 97°58′ | | | | | 1.51 |
| | 8 | 2 375 / 1 625 | | 94°25′ | | | | | 2.00 |

姓名：_____ 学号：_____ 日期：_____ 评分：_____

6.10题

表32-7 闭合导线坐标计算表

| 点号 | 角度观测值 (° ′ ″) | 改正后角度 (° ′ ″) | 坐标方位角 (° ′ ″) | 水平距离 (m) | 坐标增量 Δx(m) | 坐标增量 Δy(m) | 改正后增量 Δx(m) | 改正后增量 Δy(m) | 坐标 x(m) | 坐标 y(m) |
|---|---|---|---|---|---|---|---|---|---|---|
| (1) | (2) | (3) | (4) | (5) | (6) | (7) | (8) | (9) | (10) | (11) |
| 1 | (右角) | | | | | | | | 550.000 | 600.000 |
| 2 | 139°04′56″ | | 342°45′00″ | 103.853 | | | | | | |
| 3 | 94°15′50″ | | | 114.621 | | | | | | |
| 4 | 88°36′32″ | | | 162.458 | | | | | | |
| 5 | 122°39′26″ | | | 133.477 | | | | | | |
| 1 | 95°23′26″ | | | 123.678 | | | | | | |
| 2 | | | | | | | | | | |
| ∑ | | | — | ∑D= | | | — | — | | |

$f_{\beta}=\sum\beta_{测}-\sum\beta_{理}=$      $f=$      $f_x=$      $f_y=$

$f_{\beta容}=\pm10''\sqrt{n}=$      $K=f/\sum D$

姓名：_____ 学号：_____ 日期：_____ 评分：_____

**6.11题**

**表32-8 附合导线坐标计算表**

| 点号 | 角度观测值 (° ′ ″) | 改正后角度 (° ′ ″) | 坐标方位角 (° ′ ″) | 水平距离 (m) | 坐标增量 Δx(m) | 坐标增量 Δy(m) | 改正后增量 Δx(m) | 改正后增量 Δy(m) | 坐标 x(m) | 坐标 y(m) |
|---|---|---|---|---|---|---|---|---|---|---|
| (1) | (2) | (3) | (4) | (5) | (6) | (7) | (8) | (9) | (10) | (11) |
| A | (左角) | | | | | | | | | |
| B | 271°36′26″ | | 48°48′48″ | | | | | | 1 438.381 | 4 973.667 |
| 1 | 94°18′08″ | | | 118.088 | | | | | | |
| 2 | 101°05′56″ | | | 172.343 | | | | | | |
| 3 | 267°24′14″ | | | 142.788 | | | | | | |
| P | 88°12′02″ | | 331°25′24″ | 185.668 | | | | | 1 660.834 | 5 296.856 |
| Q | | | — | | | | | | — | — |
| Σ | | | | | | | | | | |

$f_\beta = \Sigma\beta - \Sigma\beta_{理} =$

$f_{\beta容} = \pm 10''\sqrt{n} =$

$\Sigma D =$

$f =$

$f_x =$

$f_y =$

$K = f / \Sigma D$

姓名：_____ 学号：_____ 日期：_____ 评分：_____

**6.14题　　表32-9　四等水准测量观测记录**

| 测站号 | 点号<br>视距差 d/∑d | 后视<br>上丝<br>下丝<br>视距 | 前视<br>上丝<br>下丝<br>视距 | 方向 | 中丝读数<br>黑面 | 中丝读数<br>红面 | 黑+K-红（mm） | 平均高差（m） | 高程 H(m) |
|---|---|---|---|---|---|---|---|---|---|
| 1 | BM1~TP1 | 1 979 | 0 738 | 后 | 1 718 | 6 405 | 0 | | 21.404 |
| | | 1 457 | 0 214 | 前 | 0 476 | 5 265 | -2 | 1.241 | — |
| | -0.2/-0.2 | 52.2 | 52.4 | 后一前 | 1.242 | 1.140 | 2 | | |
| 2 | TP1~TP2 | 2 739 | 0 965 | 后 | 2 461 | 7 247 | | | |
| | | 2 183 | 0 401 | 前 | 0 683 | 5 370 | | | |
| | / | | | 后一前 | | | | | |
| 3 | TP2~TP3 | 1 918 | 1 870 | 后 | 1 604 | 6 291 | | | |
| | | 1 290 | 1 226 | 前 | 1 548 | 6 336 | | | |
| | / | | | 后一前 | | | | | |
| 4 | TP3~TP4 | 1 088 | 2 388 | 后 | 0 742 | 5 528 | | | |
| | | 0 396 | 1 708 | 前 | 2 048 | 6 736 | | | |
| | / | | | 后一前 | | | | | |
| 5 | TP4~BM2 | 1 656 | 2 867 | 后 | 1 402 | 6 090 | | | |
| | | 1 148 | 2 367 | 前 | 2 617 | 7 404 | | | |
| | / | | | 后一前 | | | | | |
| 检查计算 | $\sum D_{后视}=$<br>$\sum D_{前视}=$<br>$\sum d=$ | | | $\sum 后视=$<br>$\sum 前视=$<br>$\sum 后视-\sum 前视=$ | | $\sum h=$ | | $\sum h_{平均}=$<br>$2\sum h_{平均}=$ | |

沿此虚线裁剪

姓名：＿＿＿＿＿＿ 学号：＿＿＿＿＿＿ 日期：＿＿＿＿＿＿ 评分：＿＿＿＿＿＿

7.8 题

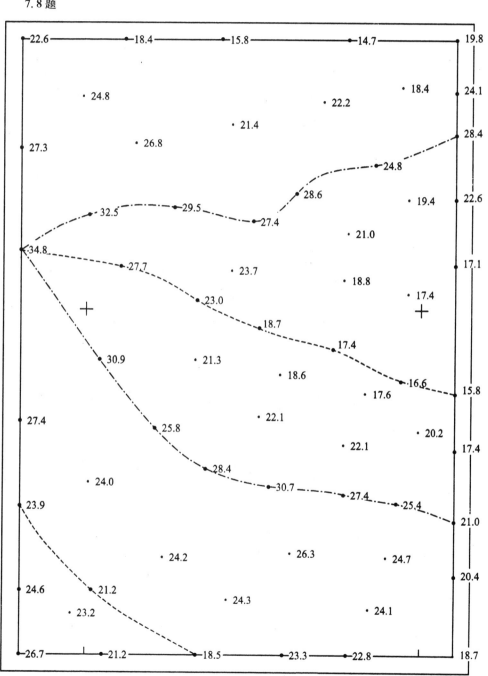

图 32－4 用目估法勾绘等高线